高等职业教育新形态系列教材

运动控制技术基础
活页式教材

编　著　贺晓华
参　编　苏兆勇　苏　磊　赵云俊　陆莲仕
　　　　范然然　愈宗薏　谢恒勇
主　审　关意鹏

北京理工大学出版社
BEIJING INSTITUTE OF TECHNOLOGY PRESS

版权专有　侵权必究

图书在版编目（CIP）数据

运动控制技术基础 / 贺晓华编著. --北京：北京理工大学出版社，2021.9

ISBN 978-7-5763-0215-8

Ⅰ. ①运… Ⅱ. ①贺… Ⅲ. ①运动控制 Ⅳ. ①TP24

中国版本图书馆 CIP 数据核字（2021）第 188971 号

出版发行 / 北京理工大学出版社有限责任公司
社　　址 / 北京市海淀区中关村南大街 5 号
邮　　编 / 100081
电　　话 / （010）68914775（总编室）
　　　　　（010）82562903（教材售后服务热线）
　　　　　（010）68944723（其他图书服务热线）
网　　址 / http://www.bitpress.com.cn
经　　销 / 全国各地新华书店
印　　刷 / 河北盛世彩捷印刷有限公司
开　　本 / 787 毫米×1092 毫米　1/16
印　　张 / 16.5
字　　数 / 360 千字
版　　次 / 2021 年 9 月第 1 版　2021 年 9 月第 1 次印刷
定　　价 / 49.80 元

责任编辑 / 钟　博
文案编辑 / 钟　博
责任校对 / 周瑞红
责任印制 / 李志强

图书出现印装质量问题，请拨打售后服务热线，本社负责调换

前　言

在实际应用中，绝大部分的运动都是由电机驱动的。随着对运动的控制要求不断提高，对各种电机的控制要求也越来越高。相较于传统的电机控制技术，以 PLC 为主要形式的控制器加上各种电机驱动器的新型运动控制技术已逐步成为应用的主流。

本教材以 S7-300 基本应用为基础，详细介绍了变频、步进和伺服控制系统的原理、组成与编程控制。本教材主要涉及的技术范畴包括西门子 S7-300 系列 PLC 的软硬件安装、硬件组态、通信组态、控制编程、仿真优化、下载调试；交流异步电机、步进电机和伺服电机及相关驱动器的主电路连接、控制电路连接、信号格式设置、控制面板操作、参数设置等内容，为进一步的自动控制系统集成与优化奠定基础。

本教材根据实际应用场景和能力进阶关系共分为十六个任务，每个任务都按照"资讯-计划-决策-实施-检查-评价"六步展开，读者在增长专业技能的同时，又强化了规范开展工作的能力，从而具备"完整的做一件事情"的能力。

本教材的每个项目包括示范实例、实践练习和扩展提升三个部分，对应读者从跟学、模仿到独立完成的三个学习阶段，其中：

项目 1~7 主要介绍 S7-300 的基本应用，包括软硬件安装与使用入门、位逻辑指令、定时器指令、计数器指令、数据传送/比较/转换指令、移位/循环指令、字逻辑指令、功能及功能块等内容；

项目 8~10 为变频控制内容，包括变频基本原理、变频器面板操作、多段速变频控制、模拟量无级变频控制；

项目 11~12 为步进控制内容，包括步进驱动基本原理、步进驱动速度开环控制、步进驱动位置开环控制；

项目 13~15 为伺服控制内容，包括伺服驱动基本原理、伺服驱动速度闭环控制、伺服驱动位置闭环控制；

项目 16 为运动控制综合实例内容，在实际工艺需求的背景下实现所需的运动控制。

所有项目均附有工程文件，包括基本操作和多种控制方法的实现。全书结构合理，图文并茂，方便读者实际演练。

本教材每个任务都设置有背景介绍，涉及相关的技术发展和应用特点，让读者对任务有更直观的认识，知道为什么学，有什么用，如何应用。在资讯部分专门设置了和本任务相关的专业术语中英词汇对照，既可以为读者在实际工作中阅读技术资料提供一些基础，又可以增加学生的学习兴趣，提高学习效率。

本教材内容丰富、层次合理、贴合应用、满足需求，通俗易懂、激发兴趣，专业素养与职业素养相得益彰，技能习得与理论知识相辅相成，可作为高职高专院校机电一体化技术、电气自动化技术、工业机器人技术、智能机电技术、智能控制技术、智能机器人技术、工业过程自动化技术等相关专业教学用书，也可作为工程技术人员参考用书。

本教材由贺晓华编著，苏兆勇、谢恒勇、苏磊、赵云俊、陆莲仕、范然然、俞宗薏参编。编写过程中参考了相关技术资料和文献，在此表示衷心的感谢。因编者水平所限，书中不足之处恳请广大读者批评指正。

编者

2021.8

目　　录

项目1　西门子 S7-300 PLC 软/硬件安装及初步使用 …………………… 1

　背景描述 ………………………………………………………………… 1
　示范实例 ………………………………………………………………… 1
　　一、资讯 ……………………………………………………………… 1
　　二、计划 ……………………………………………………………… 5
　　三、决策 ……………………………………………………………… 5
　　四、实施 ……………………………………………………………… 5
　　五、检查 ……………………………………………………………… 19
　　六、评价 ……………………………………………………………… 20
　实践练习 ………………………………………………………………… 21
　　一、资讯（项目需求）……………………………………………… 21
　　二、计划 ……………………………………………………………… 21
　　三、决策 ……………………………………………………………… 21
　　四、实施 ……………………………………………………………… 21
　　五、检查 ……………………………………………………………… 22
　　六、评价 ……………………………………………………………… 23
　扩展提升 ………………………………………………………………… 23

项目2　应用位逻辑指令控制三相异步电动机 ……………………………… 24

　背景描述 ………………………………………………………………… 24
　示范实例 ………………………………………………………………… 24
　　一、资讯 ……………………………………………………………… 24
　　二、计划 ……………………………………………………………… 28
　　三、决策 ……………………………………………………………… 28
　　四、实施 ……………………………………………………………… 29
　　五、检查 ……………………………………………………………… 38
　　六、评价 ……………………………………………………………… 39

  实践练习 ··· 40
    一、资讯（项目需求） ·· 40
    二、计划 ··· 40
    三、决策 ··· 40
    四、实施 ··· 41
    五、检查 ··· 42
    六、评价 ··· 42
  扩展提升 ··· 43

项目3　应用定时器指令实现顺序和间歇控制 ·· 44

  背景描述 ··· 44
  示范实例 ··· 44
    一、资讯 ··· 44
    二、计划 ··· 49
    三、决策 ··· 50
    四、实施 ··· 50
    五、检查 ··· 56
    六、评价 ··· 56
  实践练习 ··· 57
    一、资讯（项目需求） ·· 57
    二、计划 ··· 57
    三、决策 ··· 58
    四、实施 ··· 58
    五、检查 ··· 59
    六、评价 ··· 60
  扩展提升 ··· 61

项目4　应用计数器指令实现产品定量包装控制 ·· 62

  背景描述 ··· 62
  示范实例 ··· 62
    一、资讯 ··· 62
    二、计划 ··· 65
    三、决策 ··· 65
    四、实施 ··· 66
    五、检查 ··· 70

六、评价 71
　实践练习 72
　　一、资讯（项目需求） 72
　　二、计划 72
　　三、决策 72
　　四、实施 73
　　五、检查 74
　　六、评价 75
　扩展提升 75

项目 5　应用数据传送等指令实现数码显示控制 77

　背景描述 77
　示范实例 77
　　一、资讯 77
　　二、计划 80
　　三、决策 81
　　四、实施 81
　　五、检查 86
　　六、评价 87
　实践练习 88
　　一、资讯（项目需求） 88
　　二、计划 88
　　三、决策 89
　　四、实施 89
　　五、检查 90
　　六、评价 91
　扩展提升 91

项目 6　应用逻辑运算及移位与循环指令实现复杂设备的控制 93

　背景描述 93
　示范实例 93
　　一、资讯 93
　　二、计划 97
　　三、决策 97
　　四、实施 97

五、检查 104
　　六、评价 105
　实践练习 106
　　一、资讯（项目需求） 106
　　二、计划 106
　　三、决策 107
　　四、实施 107
　　五、检查 109
　　六、评价 109
　扩展提升 110

项目7　应用功能与功能块控制多台设备 111

　背景描述 111
　示范实例 111
　　一、资讯 111
　　二、计划 115
　　三、决策 115
　　四、实施 115
　　五、检查 121
　　六、评价 122
　实践练习 123
　　一、资讯（项目需求） 123
　　二、计划 123
　　三、决策 123
　　四、实施 124
　　五、检查 125
　　六、评价 126
　扩展提升 127

项目8　通过变频器面板操作控制三相异步电动机变频运行 128

　背景描述 128
　示范实例 128
　　一、资讯 128
　　二、计划 132
　　三、决策 132

  四、实施 ··· 132

  五、检查 ··· 136

  六、评价 ··· 137

 实践练习 ··· 137

  一、资讯（项目需求） ··· 137

  二、计划 ··· 137

  三、决策 ··· 138

  四、实施 ··· 138

  五、检查 ··· 139

  六、评价 ··· 140

 扩展提升 ··· 140

项目 9 应用多段速信号控制三相异步电动机变频运行 ··············· 141

 背景描述 ··· 141

 示范实例 ··· 141

  一、资讯 ··· 141

  二、计划 ··· 144

  三、决策 ··· 144

  四、实施 ··· 144

  五、检查 ··· 150

  六、评价 ··· 150

 实践练习 ··· 151

  一、资讯（项目需求） ··· 151

  二、计划 ··· 151

  三、决策 ··· 152

  四、实施 ··· 152

  五、检查 ··· 154

  六、评价 ··· 154

 扩展提升 ··· 155

项目 10 应用模拟量控制三相异步电动机变频运行 ························ 156

 背景描述 ··· 156

 示范实例 ··· 156

  一、资讯 ··· 156

  二、计划 ··· 158

三、决策 ……………………………………………………………… 158
　　四、实施 ……………………………………………………………… 158
　　五、检查 ……………………………………………………………… 165
　　六、评价 ……………………………………………………………… 165
　实践练习 …………………………………………………………………… 166
　　一、资讯（项目需求） ………………………………………………… 166
　　二、计划 ……………………………………………………………… 166
　　三、决策 ……………………………………………………………… 166
　　四、实施 ……………………………………………………………… 167
　　五、检查 ……………………………………………………………… 168
　　六、评价 ……………………………………………………………… 169
　扩展提升 …………………………………………………………………… 170

项目11　应用PLC脉宽调制功能实现步进电动机的速度控制 ……… 171

　背景描述 …………………………………………………………………… 171
　示范实例 …………………………………………………………………… 171
　　一、资讯 ……………………………………………………………… 171
　　二、计划 ……………………………………………………………… 173
　　三、决策 ……………………………………………………………… 173
　　四、实施 ……………………………………………………………… 173
　　五、检查 ……………………………………………………………… 178
　　六、评价 ……………………………………………………………… 179
　实践练习 …………………………………………………………………… 180
　　一、资讯（项目需求） ………………………………………………… 180
　　二、计划 ……………………………………………………………… 180
　　三、决策 ……………………………………………………………… 181
　　四、实施 ……………………………………………………………… 181
　　五、检查 ……………………………………………………………… 182
　　六、评价 ……………………………………………………………… 183
　扩展提升 …………………………………………………………………… 184

项目12　应用PLC高速计数功能实现步进电动机的位置控制 ……… 185

　背景描述 …………………………………………………………………… 185
　示范实例 …………………………………………………………………… 185
　　一、资讯 ……………………………………………………………… 185

二、计划 186
三、决策 186
四、实施 187
五、检查 192
六、评价 192
实践练习 193
一、资讯（项目需求） 193
二、计划 193
三、决策 194
四、实施 194
五、检查 195
六、评价 196
扩展提升 196

项目 13　通过伺服驱动器面板操作控制伺服电动机的运行 198

背景描述 198
示范实例 198
一、资讯 198
二、计划 200
三、决策 201
四、实施 201
五、检查 205
六、评价 206
实践练习 206
一、资讯（项目需求） 206
二、计划 206
三、决策 207
四、实施 207
五、检查 208
六、评价 208
扩展提升 209

项目 14　应用速度控制模式实现伺服电动机的速度闭环控制 210

背景描述 210
示范实例 210

一、资讯 210
　　二、计划 212
　　三、决策 213
　　四、实施 213
　　五、检查 217
　　六、评价 217
　实践练习 218
　　一、资讯（项目需求）...................................... 218
　　二、计划 218
　　三、决策 219
　　四、实施 219
　　五、检查 221
　　六、评价 221
　扩展提升 222

项目15　应用位置控制模式实现伺服电动机的位置闭环控制 223

　背景描述 223
　示范实例 223
　　一、资讯 223
　　二、计划 224
　　三、决策 225
　　四、实施 225
　　五、检查 230
　　六、评价 230
　实践练习 231
　　一、资讯（项目需求）...................................... 231
　　二、计划 232
　　三、决策 232
　　四、实施 232
　　五、检查 233
　　六、评价 234
　扩展提升 235

项目16　运动控制综合实例 236

　背景描述 236

示范实例 ·· 236
  一、资讯（项目需求）··································· 236
  二、计划 ·· 237
  三、决策 ·· 237
  四、实施 ·· 237
  五、检查 ·· 245
  六、评价 ·· 246
实践练习 ·· 247
  一、资讯（项目需求）··································· 247
  二、计划 ·· 248
  三、决策 ·· 248
  四、实施 ·· 248
  五、检查 ·· 249
  六、评价 ·· 250

项目1　西门子 S7-300 PLC 软/硬件安装及初步使用

背景描述

在工业控制领域，有两种常见的控制系统：一种是继电器控制系统；另一种是PLC控制系统。继电器控制系统一般由主令电器、继电器、接触器和导线等部分组成，通过不同的电路接线实现不同的控制功能。继电器控制系统所实现的控制逻辑包含在接线形式中，人们称之为接线逻辑。当需要变更控制功能时，往往需要更改继电器控制系统的电路接线，这也导致继电器控制系统常用于实现较简单的控制需求，不太适合柔性较高、功能复杂的控制场合。为了满足日益增长的柔性控制的需要，通过在传统控制系统的基础上引入计算机技术，PLC控制系统于1969年应运而生。PLC控制系统所实现的控制逻辑包含在控制程序中，与接线逻辑相对应，人们称之为存储逻辑。PLC控制系统只需要更改控制程序而无须更改接线，就可以很方便地变更控制功能。与继电器控制系统相比，PLC控制系统既可以降低劳动强度，又可以大幅提高工作效率，满足复杂多变的控制需求，因此获得了越来越广泛的应用。

示范实例

一、资讯

（一）项目需求

某工厂需要新建一套生产系统，要求采用西门子 S7-300 PLC 进行控制。根据设备的数量和控制要求，预计需要 30 个数字量输入点、20 个数字量输出点，并各预留 10 个，所有数字量输入、输出点均采用直流供电；4 个模拟量输入点、2 个模拟量输出点，无须预留。请完成以下任务：

（1）安装相关软件；
（2）完成硬件选型；
（3）完成硬件安装；
（4）完成硬件组态下载；
（5）提交硬件清单。

(二) PLC 控制系统的组成

PLC 控制系统包括硬件部分和软件部分。PLC 控制系统的硬件部分是以 PLC 为控制核心，包括主令电器、检测开关、传感器等输入器件，指示灯、蜂鸣器、各种继电器、电磁阀以及驱动器等输出器件。PLC 本质上是一台专用于工业控制的计算机，主要由中央处理器、数字量输入/输出端口、模拟量输入/输出端口、功能模块、接口模块、通信模块以及电源等部分组成。根据 PLC 硬件的运算速度、存储容量、输入/输出点数等方面可将 PLC 分为小型 PLC、中型 PLC 以及大型 PLC。根据 PLC 硬件的结构形式又可将 PLC 分为整体式和模块式。小型 PLC 通常为整体式，中/大型 PLC 多采用模块式。PLC 控制系统的软件部分通常是指 PLC 的系统程序和用户程序。系统程序由 PLC 制造厂商设计编写并存入 PLC 的系统存储器中，主要完成监控、编译、诊断等功能，用户不能直接读/写和更改。用户程序由用户利用 PLC 的编程软件，根据控制要求编制而得，用于实现各种控制功能。

在实际组建 PLC 控制系统时，首先要根据项目需求进行合理的硬件配置和软件部署。在这个基础上，根据所需的控制功能编写相应的控制程序并下载到 PLC 调试运行，PLC 控制系统才能够正常工作。

(三) 西门子 PLC 硬件及选型软件

西门子 PLC 包括多种型号和系列，常见的 S7 系列包括 S7-200、S7-300、S7-400。其中，S7-200 属于低性能的紧凑型 PLC，已停产；S7-300 属于模块式中/小型 PLC；S7-400 属于高性能的模块式大型 PLC。新推出的 S7-1200、S7-1500 在信号处理速度和网络通信上具有更大的优势，将逐步获得更广泛的应用。

在设计组建 PLC 控制系统时，需要确定 PLC 的硬件型号。西门子 PLC 的硬件型号一般由三部分组成，以 CPU 314C-2PN/DP 为例，其中，"CPU"表示 CPU 模块；"314C"表示 314 系列紧凑型；"2PN/DP"表示有两个 PROFINET 端口、一个 MPI/DP 端口。

西门子 PLC 的每一种硬件型号都有确定的订货号与之对应，在采买西门子 PLC 时通常使用的是订货号。以 6ES7 321-1BH01-0XA0 为例，西门子 PLC 订货号的命名规则如下：

6ES——自动化系统系列；

7——S7 系列（"5"表示 S5 系列）；

3——300 系列（"1"表示 ET 系列，"2"表示 200 系列，"4"表示 400 系列）；

2——数字量（"1"表示 CPU，"3"表示模拟量，"4"表示通信，"5"表示功能）；

1——输入（"2"表示输出，"3"表示输入/输出）；

1——功能等级（数值越大，其功能越强）；

B——晶体管（"H"表示继电器，"F"表示交流；如果是模拟量，那么"K"表示通用型，"P"表示温度信号）；

H——16 点（"L"表示 32 点，"F"表示 8 点，"D"表示 4 点，"B"表示 2 点）；

01——版本号，表示 0.1 版本；

0XA0——后缀，用于描述特殊功能。

为了方便用户选取硬件，西门子推出了一款选型软件 TIA Selection Tool，下载后无须安装，可直接在本地使用，也可以在线使用云端版本。

西门子 PLC 的硬件需要安装在导轨上固定。一个 SIMATIC 300 站点最多可以包含 4 个机架，其中只有主机架安装有 CPU，扩展机架通过接口模块 IM 与主机架相连，每个机架最多可安装 11 个模块。

安装导轨时必须连接保护地线，导线的截面积应在 10 mm² 以上。导轨要预留上、下至少 40 mm，左、右至少 20 mm 的间隙用于散热。在水平安装导轨时，模块的安装顺序为从左至右；在垂直安装导轨时，模块的安装顺序为从下至上。导轨的前 3 个插槽依次安装电源模块、CPU 模块和接口模块 IM；4~11 插槽可安装信号模块 SM、功能模块 FM、通信模块 CP。插槽只是对不同模块之间安装位置关系的描述，并不占据固定的实际空间位置。

注意：在进行实际安装时，所有模块之间应不留间隙且密贴安装，如果没有扩展机架，就不需要安装接口模块 IM，即 CPU 和其他模块直接挨在一起安装，不能空出间隔。

（四）西门子 PLC 编程软件与编程语言

西门子不同系列的 PLC 使用的编程软件是不同的。例如，用于 S7-300/400 系列的 PLC 编程软件是 STEP 7 SIMATIC Manager，其既可以单独安装使用，也可以在西门子的集成平台 TIA Portal 中打开。使用 STEP 7 SIMATIC Manager 编程时，可采用的编程语言包括梯形图 LAD、语句表 STL、功能框图 FBD 以及 S7-GRAPH。其中，梯形图 LAD 类似继电器接线，易学易用，非常适合初学者快速入门；语句表 STL 类似汇编语言，指令执行的效率非常高，有单片机开发使用经验者用起来会比较顺手；功能框图 FBD 通过应用与、或、非等逻辑框图实现控制，有一定数字电路基础者用起来会得心应手；S7-GRAPH 可以方便地进行图形化顺序控制编程，非常适用于各种顺序控制，但只能编译为功能块 FB。各种编程语言各有千秋，合理选用可以提高编程速度。

在实际编程时，通常使用 S7-PLCSIM 仿真 PLC 的运行以测试用户程序，从而及早发现并消除错误，加快编程进度，提高编程质量。在安装好 S7-PLCSIM 之后，STEP 7 SIMATIC Manager 可以通过 PLCSIM 接口协议直接把 PLC 程序下载到 S7-PLCSIM 而不需要连接硬件。S7-PLCSIM 可以模拟大部分的 PLC 程序运行情况，但是不能代替真实的 PLC。

（五）PLC 的输入/输出端口

由于 PLC 的内核是一个计算机，具有运算频率高、要求电源稳定的特点，而工业环境下往往存在各种电磁干扰，因此要保证 PLC 的正常工作，在输入/输出端口和 PLC 内核之间设置有光电隔离电路，其既可以可靠传输信号，又能有效避免电磁干扰。PLC 的输入/输出端口分为数字量输入/输出端口（DI/DO）和模拟量输入/输出端口（AI/AO）两种。

1. 数字量输入/输出端口

数字量输入/输出端口有不同的类型，在选择 PLC 时要特别注意。

(1) 数字量输入端口。从电源类型来看，数字量输入端口分为交流输入端口和直流输入端口两种。其中，直流端口从逻辑状态来看，又分为高电平有效输入端口和低电平有效输入端口两种。高电平有效输入端口的公共端接电源负极（0V），西门子S7-300PLC的直流输入端口都是高电平有效。在连接传感器和PLC输入端口时，一定要注意匹配传感器和输入端口的类型，否则不但不能接收到传感器信号，还可能造成器件损坏。

（2）数字量输出端口。PLC的输出端口分为晶体管输出端口、继电器输出端口和晶闸管输出端口3种类型。其中，晶体管输出端口适用于直流负载，具有输出响应快、电磁干扰小、使用寿命较长等优点，但也有输出负载较小的不足之处；继电器输出端口既适用于直流负载，也适用于交流负载，相对于晶体管输出端口，继电器输出端口具有输出响应较慢、电磁干扰较大、使用寿命较短，但是输出负载较大的特点；晶闸管输出端口用于驱动交流负载，相对于继电器输出端口，响应速度快、使用寿命长。

2. 模拟量输入/输出端口

PLC的模拟量输入/输出端口（AI/AO）根据信号类型的不同分为电流端口和电压端口。其中，电流端口的信号范围包括 0~20 mA、0~20 mA、±20 mA，电压端口的信号范围包括 0~10 V、±10 V。

（六）相关专业术语

在使用PLC时常会碰到一些专业术语，熟练掌握这些专业术语有助于更好地使用PLC及进行专业交流。

（1）PLC：Programmable Logic Controller，可编程逻辑控制器；

（2）HW Config：Hardware Configuration，硬件组态；

（3）Station：工作站；

（4）Rail：导轨；

（5）PS：Power Supply，电源；

（6）CPU：Central Processing Unit，中央处理单元；

（7）DI/DO：Digital Input/Digital Output，数字量输入/数字量输出；

（8）AI/AO：Analogy Input/Analogy Output，模拟量输入/模拟量输出；

（9）SM：Signal Module，信号模块；

（10）FM：Functional Module，功能模块；

（11）IM：Interface Module，接口模块；

（12）CP：Communication Processor，通信模块（处理器）；

（13）Front Connector：前连接器（用于输入/输出端子连接）；

（14）Bus Connector：总线连接器（CPU及各模块之间的凹形连接器，用于数据连接）；

（15）Connecting Comb：梳形连接器（用于电源与CPU之间的电源线连接）；

（16）LAD：Ladder Diagram，梯形图；

（17）STL：Statement List，语句表；

（18）FBD：Function Block Diagram，功能框图；

（19）RAM：Random Access Memory，随机存取存储器；

（20）ROM：Read Only Memory，只读存储器；

（21）FEPROM：Flash Erasable Programmable ROM，闪存可擦除可编程只读存储器；

（22）MMC：Micro Memory Card，微型存储卡；

（23）MRES：Memory Reset，存储器复位；

（24）PG：Programming device，编程器。

二、计划

根据项目需求，完成一个西门子 PLC 控制系统的组建，包括硬件组建和软件组建两部分。在计算机上安装好西门子编程软件及仿真软件，运用编程软件完成所需 PLC 硬件的选择和设置。根据选择的 PLC 硬件清单把对应的硬件安装好，并对 CPU 进行适当的操作，使安装好的 PLC 硬件处于正常状态，为下一步编程调试做好准备。

注意，安装编程软件和仿真软件的计算机要满足基本的配置要求，确定硬件选型时以满足项目需求为基本原则，适当考虑冗余，以达到最佳的性价比。使用编程软件或者编程器编写 PLC 用户控制程序，经仿真调试验证后下载到 PLC，整个 PLC 控制系统才能够正常工作。为了顺利完成任务，制订计划，见表 1-1。

表 1-1　西门子 S7-300 PLC 软/硬件安装及初步使用工作计划

序号	项目	内容	时间/min	人员
1	安装软件	把 STEP 7 SIMATIC Manager 和 S7-PLCSIM 软件正确安装到计算机中	30	全体人员
2	初步使用软件	在 STEP 7 SIMATIC Manager 中新建一个工程项目，选择合适的硬件，完成硬件组态并编译保存	10	全体人员
3	安装 S7-300PLC 硬件	安装导轨，把硬件组态选择的相应硬件正确安装到导轨上	15	全体人员
4	进行 CPU 模块基本操作	正确操作 CPU 模块的拨钮开关，使 PLC 分别处于 RUN/STOP/MRES 状态	15	全体人员
5	下载硬件组态	设置好 STEP 7 SIMATIC Manager 通信接口，把硬件组态下载到 PLC 中	10	全体人员
6	提交硬件清单	把最终确定好的 PLC 各模块型号及订货号填入硬件清单，提交给甲方		全体人员

三、决策

根据任务要求和资源、人员的实际配置情况，按照工作计划表，采取项目小组的方式开展工作，小组内实行分工合作，每位成员都要完成全部任务并提交任务评价表。

四、实施

项目的实施必须在保证安全的前提下进行，应提前建立并熟悉项目检查事项及评价要素，在实施过程中予以充分重视，以确保项目的顺利进行。

（一）安装软件

1. 安装 STEP 7 SIMATIC Manager 软件

STEP 7 SIMATIC Manager 软件是 S7-300/400 的编程组态软件。STEP 7 SIMATIC Manager 软件有几种不同的版本，以适应不同的应用，实际使用时应根据具体的需求选择合适的版本进行安装。西门子 STEP 7 SIMATIC Manager 软件对操作系统和计算机硬件配置有一定要求，主要涉及操作系统类型版本、计算机内存、剩余硬盘空间、通信接口类型等方面，具体的安装环境要求可到西门子官方网站查询。在安装 STEP 7 SIMATIC Manager 软件时，需要以管理员权限进行操作，建议不要使用中文路径，并减少安装路径层级，尽可能安装在根目录下。

STEP 7 SIMATIC Manager 文件夹应放置在根目录下，否则安装时可能会提示缺少 SSF 文件而导致安装失败。打开 STEP 7 SIMATIC Manager 软件文件夹（如图 1-1 所示），用鼠标右键单击其中的"Setup.exe"文件，在弹出的菜单中选择"以管理员身份运行"命令，进入安装界面开始安装。安装过程与常规软件安装类似，根据安装提示进行相应选择即可。在安装过程中，选择安装程序语言为简体中文，接受许可协议条款，当提示传送许可证密钥时，选择"否，以后再传送许可证密钥"选项，正常安装过程如图 1-2 所示。

图 1-1 STEP 7 SIMATIC Manager 软件文件夹

(a)

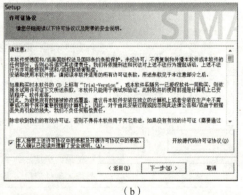

(b)

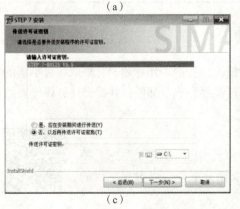

(c)

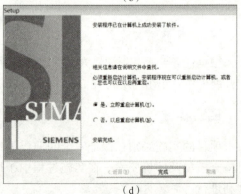

(d)

图 1-2 STEP 7 SIMATIC Manager 软件安装过程

如果在安装时弹出图1-3所示的消息框，就不能正常进行安装，需要编辑修改操作系统的注册表的特定内容才能够恢复正常安装。

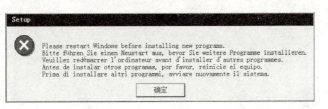

图1-3　STEP 7 SIMATIC Manager 软件安装异常消息框

在系统运行窗口输入"regedit"，如图1-4所示，打开注册表。在注册表窗口的左边打开"HKEY_LOCAL_MACHINE"→"SYSTEM"→"CurrentControlSet"→"Control"→"SessionManger"，会发现右边窗口中有一个"PendingFileRenameOperations"多字符串，选择并删除，退出注册表之后重新进行安装，就不会再出现图1-3所示的消息框。

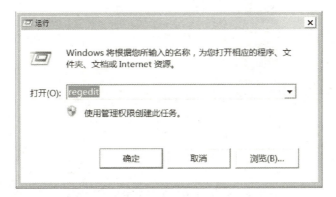

图1-4　编辑注册表消除 STEP 7 SIMATIC Manager 软件安装异常消息框

STEP 7 SIMATIC Manager 软件安装好之后，还需要进行许可证授权，可使用 Automation License Manager 进行管理，如图1-5所示。

图 1-5　Automation License Manager 授权管理

2. 安装 S7-PLCSIM 软件

相比 STEP 7 SIMATIC Manager 软件的安装，S7-PLCSIM 软件的安装更简单。双击 S7-PLCSIM 软件包中的"Setup.exe"文件，会打开图 1-6 所示的对话框，根据提示，单击"下一步"按钮，直至安装完成。

图 1-6　S7-PLCSIM 软件安装的初始界面

在软件全部安装完成后，打开 STEP 7 SIMATIC Manger 软件（如图 1-7 所示），会发现其中的 S7-PLCSIM 图标已激活。

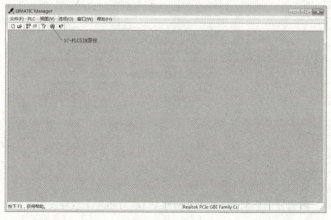

图 1-7　STEP 7 SIMATIC Manager 软件的初始界面

（二）初步使用软件

1. 新建项目

打开 STEP 7 SIMATIC Manger 软件进入初始界面（如图 1-7 所示），打开"文件"下拉菜单（如图 1-8 所示），有"新建"和"'新建项目'向导"两个菜单选项，使用者可根据自身需求选择其一新建项目。直接单击初始界面的"新建项目/库"图标也可以新建项目，它与下拉菜单中的"新建"选项功能相同。

初学者使用"新建项目"向导功能，通过向导的逐步引导，可以方便地完成项目的新建。选择"'新建项目'向导"选项，进入新建项目流程，如图 1-9 所示。

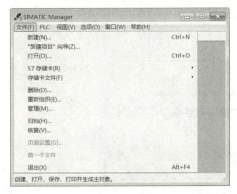

图 1-8　STEP7 SIMATIC Manger 软件的"文件"下拉菜单

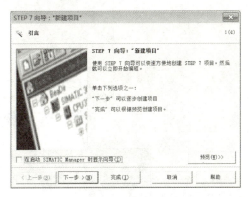

图 1-9　STEP 7 SIMATIC Manger 新建项目流程

单击"下一步"按钮，选择所需的 CPU，如图 1-10 所示。在选择 CPU 时，要根据控制需求、使用环境，合理选择 CPU 的主要参数，包括结构类型、安装方式、工作存储器容量、指令执行时间以及是否具有集成 I/O、通信及其他功能。

初次使用时可以直接单击"下一步"按钮，在"STEP 7 向导：'新建项目'"对话框中的"CPU 名称"输入框中输入项目名称，然后单击"完成"按钮。项目名称应具有便于识别和管理的优点。

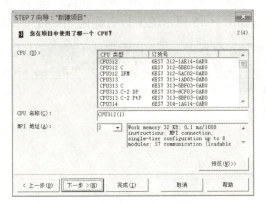

图 1-10　选择项目中要使用的 CPU

选择"新建"选项或单击"新建项目/库"图标可以直接打开"新建项目"对话

框(如图1-11所示),在对话框中输入项目名称和存储位置,单击"确定"按钮即可建立一个空项目,如图1-12所示。

图1-11 "新建项目"对话框

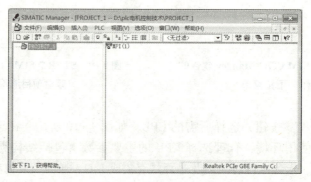

图1-12 新建的空项目

执行"插入"→"站点"→"SIMATIC 300 站点"命令,即可在项目中插入一个SIMATIC 300站点,如图1-13所示的窗口右侧的SIMATIC 300站点的图标。单击

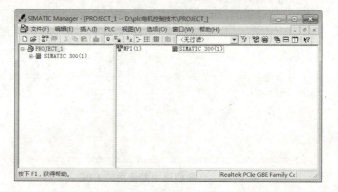

图1-13 在空项目中插入SIMATIC 300站点

左侧栏中项目名前的"+"号打开项目,可以发现项目下多了一个 SIMATIC 300 站点。至此,一个确定了项目名称、存储位置和站点类型的项目就建立好了,但是这个项目中并不包括任何硬件,还需要进一步进行硬件组态。

2. 硬件组态

单击图 1-13 所示窗口左侧的 SIMATIC 300 站点,在窗口右侧就会出现"硬件"图标。双击"硬件"图标,进入硬件组态界面,如图 1-14 所示。

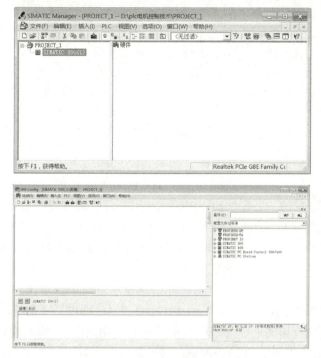

图 1-14 硬件组态界面

硬件组态界面分为左、右两栏,每一栏包括上、下两个窗口。右栏上部是硬件树形目录选择窗口,下部是所选硬件订货信息窗口;左栏上部是硬件组态窗口,下部是组态硬件信息显示窗口。通常的组态操作顺序是根据需要在右栏选择所需的硬件放置到左栏硬件组态窗口中的合适位置,然后对硬件进行一些必要的设置,最后编译组态并保存,就完成了一次硬件组态。如果不编译,则硬件组态并不能真正生效,不能在项目中生成系统数据,导致程序不能正常下载或运行错误。

SIMATIC 的硬件组态类似于在软件中模拟实际的硬件安装过程,因此最先选择的一定是导轨。单击硬件组态界面右栏硬件树形目录中"SIMATIC 300"前的"+"号,再单击随之出现的"RACK 300"前的"+"号,可以看到其下有一个"rail"图标。双击"rail"图标或者选择"rail"图标并按住鼠标左键拖拽图标到左栏硬件组态窗口,就可以实现导轨的选取和安放。导轨在硬件组态窗口中的位置可以根据需要调整,如图 1-15 所示。

一个硬件组态窗口中最多可安放 4 条导轨,一条导轨最多可以安装 11 个模块。同样可以使用双击或者拖拽的方式把需要的模块放到导轨相应的槽位上。

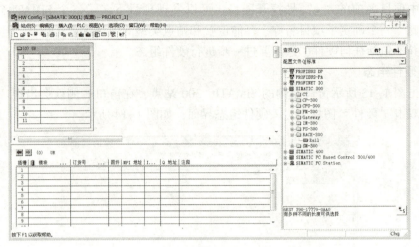

图 1-15 添加硬件

根据项目要求和实际的硬件资源，选取"PS-300"下的"PS307 5A"电源模块放置到导轨的第一槽。电源模块的容量大小是依据所供电的 CPU 和各种模块所需电流大小的总和来决定的。各模块所需电流大小可在订货信息或产品样本中查询。选取"CPU-300"下的"CPU 314C-2 PN/DP"CPU 模块放置到第二槽，选取"SM-300"下的"DI/DO-300"中的"SM 323 DI16/DO16 ×24V 0.5A"DI/DO 模块放置到第四槽（思考为什么不放置到第三槽），就完成了全部硬件的选取，所选择硬件的属性信息会显示在硬件组态窗口下方的组态硬件信息显示窗口中。本次选择的硬件共包括 40 个 DI 端口、32 个 DO 端口、5 个 AI 端口、2 个 AO 端口，满足项目要求。

完成硬件选取及相关地址（通信地址及输入/输出地址）的设置后（也可以后期调整），单击"保存"按钮和编译图标进行编译保存，就可以关闭硬件组态界面并返回 STEP 7 SIMATIC Manger，进行下一步的工作。

在 STEP 7 SIMATIC Manager 中，完成硬件组态的项目窗口左侧会出现选取的 CPU 及相应的子项，在子项"块"对应的右侧窗口会有"系统数据"和"OB1"两个图标，表示硬件组态已编译完成（如图 1-16 所示），下一步可进行用户程序的编写。

（三）安装 S7-300 PLC 硬件

S7-300 PLC 硬件安装按照以下顺序进行：

（1）把导轨安装到底板上，要求安装牢固，横平竖直，可靠接地，四周间距满足要求，上、下端不可颠倒（带螺丝紧固槽的是下端）；

（2）把电源模块安装到导轨最左端，要求模块上端可靠地悬挂在导轨上，下端用螺丝把模块固定在导轨上；

（3）把总线连接器装入 CPU 模块背面，CPU 模块紧贴电源模块右侧安装在导轨上，安装方法与电源模块相同；

（4）用梳形连接器连接电源模块的直流输出端和 CPU 模块的电源输入端；

（5）把信号模块安装在 CPU 模块的右侧，与总线连接器相连，固定在导轨上，安装方法与电源模块相同。

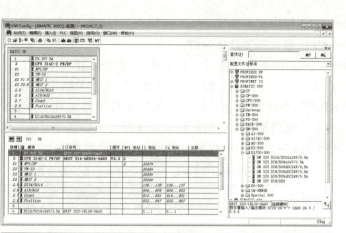

图 1-16 硬件组态编译完成示意

S7-300 PLC 硬件安装完成示意如图 1-17 所示。

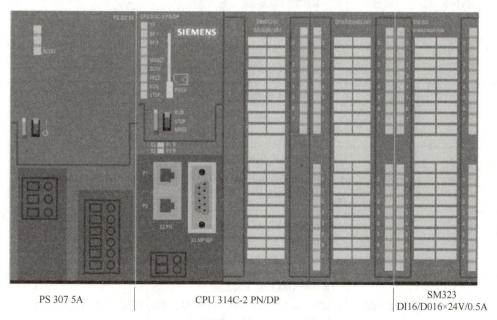

图 1-17 S7-300 PLC 硬件安装完成示意

(四)进行 CPU 模块基本操作

1. S7-300 CPU 模式开关及指示灯

CPU 314C-2 PN/DP 面板上有一个模式选择开关和 10 个指示灯。模式选择开关共有 3 个位置,从上往下分别是"RUN""STOP"和"MRES"。模式选择开关可拨到"RUN""STOP"两个位置上并保持,但不能稳定停留在"MRES"位置上。在 PLC 的使用过程中,要根据不同的情况把模式选择开关拨到不同的位置,以实现不同的操作功能。CPU314C-2 PN/DP 模式开关的含义及说明见表 1-2。

表 1-2 CPU314C-2 PN/DP 模式开关的含义及说明

位置	含义	说明
RUN	RUN 模式	CPU 执行用户程序
STOP	STOP 模式	CPU 不执行用户程序
MRES	存储器复位	用于 CPU 存储器复位,按照特定操作顺序操作模式选择开关实现 CPU 的存储器复位

指示灯通过显示的颜色和亮灭状态的变化指示 CPU 的不同状态。CPU314C-2PN/DP 指示灯的含义见表 1-3。

表 1-3 CPU314C-2 PN/DP 指示灯的含义

LED 名称	颜色	含义
SF	红色	硬件故障或软件故障
BF1	红色	第一个端口(X1)处发生总线故障
BF2	红色	第二个端口(X2)处发生总线故障
MAINT	黄色	要求维护的状态未决
DC5V	绿色	用于 CPU 和 S7-300 总线使用的 5V 电源正常
FRCE	黄色	LED 点亮:强制作业激活; LED 以 2 Hz 的频率闪烁:节点闪烁测试功能
RUN	绿色	CPU 为 RUN 模式 在启动期间,LED 以 2 Hz 的频率闪烁;在 STOP 模式下,LED 以 0.5 Hz 的频率闪烁
STOP	黄色	CPU 为 STOP、HOLD 或启动模式 请求了存储器复位时,LED 以 0.5 Hz 的频率闪烁;在复位期间,LED 以 2 Hz 的频率闪烁
X2 P1 R	黄色/绿色	指示 PRONET 端口 1 状态 LED 呈绿色点亮:到伙伴的链路处于激活状态 LED 变为黄色:已激活数据传输(RX/TX)
X2 P2 R	黄色/绿色	指示 PRONET 端口 2 状态 LED 呈绿色点亮:到伙伴的链路处于激活状态 LED 变为黄色:已激活数据传输(RX/TX)

2. S7-300 CPU 存储器

CPU314C-2 PN/DP 在上电工作前要先安装 SIMATIC MMC 卡，SIMATIC MMC 卡是一种 FEPROM 卡。用于新型 S7-300 CPU 的 SIMATIC MMC 卡作为装载存储器，与工作存储器、系统存储器、保持存储器共为 S7-300 CPU 的 4 种存储区。装载存储器用于存放不包含符号地址分配或注释的用户程序，工作存储器包含运行时使用的程序和数据，系统存储器用于存放输入/输出过程映像区、位存储器、定时器和计数器、块堆栈和中断堆栈以及临时存储器，保持存储器用于保存 CPU 参数指定的一部分需要断电后保持的位存储器、定时器、计数器和数据块。它们之间的关系示意如图 1-18 所示。

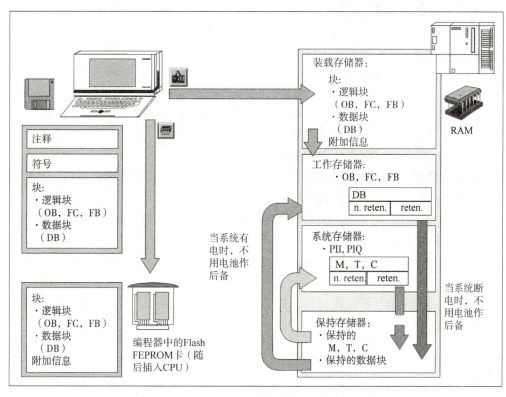

图 1-18　S7-300 CPU 的存储器之间的关系示意

新型 S7-300 CPU 专用的 SIMATIC MMC 卡（如图 1-19 所示）与普通电子设备所用的外形一样，但是因为数据格式不一样，不能互为通用，采用通用读卡器对 SIMATIC MMC 卡进行数据读/写将可能造成 SIMATIC MMC 卡损坏。选择 SIMATIC MMC 卡时通常应保证卡容量至少大于 CPU 的工作内存，或者根据用户程序大小进行选择。插拔 SIMATIC MMC 卡时严禁带电操作，否则可能会对 SIMATIC MMC 卡造成损坏。插卡时要注意 SIMATIC MMC 卡的短斜边朝向，正确的朝向是短斜边朝下，朝向错误时将不能把 SIMATIC MMC 卡完全插入到位，此时切勿强行插入，应及时取出 SIMATIC MMC 卡，调换方向后即可顺利插入。拔卡时轻按卡下方的取卡按钮，SIMATIC MMC 卡就会自动从卡槽弹出。

图 1-19 新型 S7-300 CPU 专用的 SIMATIC MMC 卡

3. 复位 CPU 存储器操作

在调试程序的过程中，常需要进行复位 CPU 存储器操作。当 CPU 存储器复位时，工作存储器、内置装载存储器（对于标准 CPU）和带保持的数据都将被清除，然后执行硬件测试。复位后从 SIMATIC MMC 卡中把用户程序拷贝到工作存储器中。

复位 CPU 存储器操作必须在 CPU 处于 STOP 模式下时才能执行。具体操作过程如下：

（1）将模式选择开关置于"STOP"位置；

（2）将模式选择开关从"STOP"位置下拨到"MRES"位置并保持，此时 STOP 指示灯熄灭 1 s，点亮 1 s，再熄灭 1 s，然后保持常亮；

（3）松开模式选择开关，使模式选择开关回到"STOP"位置，在 3 s 内把模式选择开关又拨到"MRES"位置，STOP 指示灯以 2 Hz 的频率至少闪动 3 s 表示正在复位，直至 STOP 指示灯常亮时才可以松开模式选择开关，使之回到"STOP"位置，复位完成。

4. SIMATIC MMC 卡被动格式化操作

在某些情况下，SIMATIC MMC 卡中的数据不能为 CPU 所识别或者 SIMATIC MMC 卡中的组态数据与实际硬件配置不符，导致 CPU 的 STOP 指示灯将会出现慢闪。此时 CPU 不能正常工作，需要对 SIMATIC MMC 卡进行格式化，把 SIMATIC MMC 卡中的错误信息清除。具体操作如下：

（1）将模式选择开关拨到"MRES"位置并保持，直到 STOP 指示灯保持常亮（约 9 s）；

（2）在 3 s 内松开模式选择开关并迅速拨回到"MRES"位置，此时 STOP 指示灯快速闪烁，表示正在格式化；

（3）保持模式选择开关在"MRES"位置，直到 STOP 指示灯常亮，格式化完成。

5. CPU 恢复出厂设置操作

如果要把使用过的 CPU 重新用于其他控制项目，为避免原有设置和程序对新项目的不利影响，可对 CPU 进行恢复出厂设置操作。操作步骤如下：

（1）切断电源；

（2）从 CPU 中取出 SIMATIC MMC 卡；

（3）将模式选择开关拨到"MRES"位置，然后接通电源；

（4）等待 CPU 的指示灯出现表 1-4 所示的指示状态 1；

（5）松开模式选择开关使之回到"STOP"位置，在 3 s 内将其重新拨回到"MRES"位置并保持在该位置；

（6）等待 CPU 的指示灯出现表 1-4 所示的指示状态 2，CPU 进入复位状态，此时如果松开模式选择开关，则将退出恢复出厂设置操作；

（7）CPU 复位完成后，指示灯出现表 1-4 所示的指示状态 3，此时松开模式选择开关，CPU 恢复为出厂设置并进入 STOP 模式。

表1-4　CPU 恢复出厂设置指示灯指示状态

LED	指示状态1	指示状态2	指示状态3	STOP 模式
SF	熄灭	以 0.5 Hz 的频率闪烁	常亮	—
BFx	熄灭	熄灭	熄灭	—
DC5V	常亮	常亮	常亮	常亮
FRCE	以 0.5 Hz 的频率闪烁	熄灭	熄灭	—
RUN	以 0.5 Hz 的频率闪烁	熄灭	熄灭	—
STOP	以 0.5 Hz 的频率闪烁	熄灭	熄灭	常亮

（五）下载硬件组态

在确定硬件安装无误且检查状态良好之后，可以把 STEP 7 SIMATIC Manger 软件中编译保存的硬件组态数据下载到 CPU 中。下载组态信息到 CPU 中需要 STEP 7 SIMATIC Manger 软件和实体 PLC 之间进行通信。STEP 7 SIMATIC Manger 软件和实体 PLC 之间有多种通信方式，需要进行硬件连接和软件设置才能实现正常通信。要保证通信正常，在硬件方面取决于 PLC 所具有的通信端口类型、安装有 STEP 7 SIMATIC Manger 软件的计算机通信端口类型以及所使用的通信线类型，这三者必须匹配才能构建回路。在软件方面则是确定好通信方式之后要对 STEP 7 SIMATIC Manger 软件的通信接口进行相应的设置。

1. 连接计算机与 PLC

S7-300 PLC 可以通过多种方式与计算机进行通信连接。除网线连接外，其余的连接与断开操作必须在 PLC 断电的状态下进行，以免损坏设备。

（1）使用 PC/MPI 适配器和 RS-232 通信电缆连接 S7-300 PLC 的 MPI/DP 接口和计算机的 RS-232 接口；

（2）使用 USB/MPI 适配器连接 S7-300 PLC 的 MPI/DP 接口和计算机的 USB 接口；

（3）使用 MPI/DP 通信线连接 S7-300 PLC 的 MPI/DP 接口和计算机的总线通信卡，如 CP5611\CP5613\CP5614\CP5621\CP5512，总线通信卡的选择要与计算机的扩展槽类型以及通信要求适配，可查询西门子官网获取进一步信息；

（4）使用普通网络线连接 S7-300 PLC 的以太网接口和计算机的工业以太网通信卡或者普通以太网接口。

2. 设置 PG/PC 接口

当确定好通信硬件连接后，可在 STEP 7 SIMATIC Manger 软件中设置相应的通信接口。单击 STEP 7 SIMATIC Manger 界面中的"选项"菜单，在下拉菜单中选择"设置 PG/PC 接口"选项，打开"设置 PG/PC 接口"对话框，如图 1-20 所示。

根据实际情况，在图 1-20 所示的对话框中选择合适的通信硬件及协议。如果选择了以太网方式，则还需要进一步在属性中设置计算机的 IP 地址与硬件组态中 CPU 的 IP 地址处于相同网段。本项目采取以太网方式进行 PLC 与计算机之间的通信，CPU 默认的 IP 地址为 192.168.0.1，子网掩码为 255.255.255.0，表示 CPU

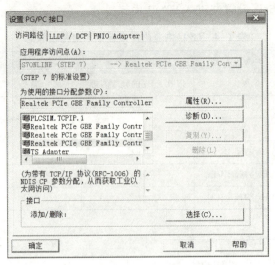

图1-20 "设置PG/PC接口"对话框

是192.168.0网段中的1号主机；计算机的IP地址可设置为192.168.0.X，子网掩码为255.255.255.0，其中"X"表示1~254中任意一个数且不能与CPU主机号相同。

3. 下载硬件组态

当完成通信硬件连接和接口设置后，就可以把硬件组态数据下载到PLC中了。在硬件组态窗口选择"PLC"下拉菜单中的"下载"选项或者直接单击"下载"图标，会弹出"选择目标模块"对话框，如图1-21（a）所示，选择与硬件组态相同的模块后单击"确定"按钮，打开"选择节点地址"对话框，如图1-21（b）所示，输入需要访问的IP地址，如果"可访问的节点"栏中没有显示I/O地址，就单击"显示"按钮。选择"可访问节点"栏中要访问的CPU，单击"确定"按钮开始下载，下载完成后对话框自动关闭。关闭硬件组态窗口，返回STEP 7 SIMATIC Manger，下一步可以准备编写用户程序。

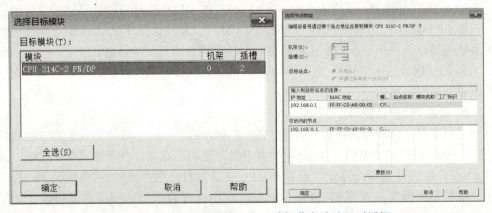

图1-21 "选择目标模块"和"选择节点地址"对话框

五、检查

为了保证项目能顺利可靠地开展下去,必须对项目的实施过程和结果进行检查。检查点的设置原则主要包括两点:一是对影响到项目能否正常实施和完成质量的因素,要设置为检查点,包括安全、操作、结果(中间结果和最终结果)等;二是所设置的检查点应尽可能量化表达,以便客观评价项目的实施。

本项目的主要任务包括安装 STEP 7 SIMATIC Manager 软件,确定硬件型号,在 STEP 7 SIMATIC Manager 软件中新建项目并进行硬件组态,完成物理硬件安装,连接 PLC 与计算机,设置通信接口,把硬件组态数据下载到 PLC 中且 PLC 状态正常,对 PLC 进行必要的面板操作。

根据本项目的具体内容,设置表 1-5 所示的检查评分表,在实施过程和终结时进行必要的检查并填写检查评分表,表 1-6 所示为 S7-300 PLC 硬件清单。

表 1-5 西门子 S7-300 PLC 软/硬件安装及初步使用项目检查评分表

项目	分值/分	评分标准	检查情况	得分
安装软件	25	STEP 7 SIMATIC Manager 软件部分为 15 分,S7-PLCSIM 软件部分为 10 分。 1. 软件安装正确且能正常使用,得满分; 2. 软件安装但不能正常使用,得 60%; 3. 软件未安装,不得分		
初步使用软件	25	新建项目部分为 10 分,硬件组态部分为 10 分,硬件清单部分为 5 分。 1. 新建项目得 2 分,项目名称和存储位置正确各得 2 分,站点类型正确得 4 分; 2. 硬件组态正确得 9 分(分项计分),编译保存正确得 1 分; 3. 硬件清单正确得 5 分		
安装 S7-300 PLC 硬件	25	1. 安全违章扣 10 分; 2. 安装不达标,每项扣 2 分		
进行 CPU 模块基本操作	15	1. 安全违章扣 10 分; 2. 正确插拔 SIMATIC MMC 卡得 3 分; 3. 复位 CPU 存储器、SIMATIC MMC 卡被动格式化、CPU 恢复出厂设置操作正确各得 4 分。		
下载硬件组态	10	1. 安全违章扣 10 分; 2. 正确连接/断开通信线得 2 分; 3. 正确设置 PG/PC 接口、正确下载各得 4 分。		
合计	100			

表1-6 S7-300 PLC 硬件清单

序号	名称	型号规格	订货号	数量	备注
1	导轨	480 mm	6ES7390-1AE80-0AA0	1	
2	电源	PS 307；AC 120/230 V，DC 24 V，5 A	6ES7307-1EA01-0AA0	1	
3	CPU模块	CPU 314C-2 PN/DP（24DI，16DO，4AI，2AO，1 PT100）	6ES7314-6EH04-0AB0	1	
4	信号模块	SM323 I/O 16DI，16DO，24V DC；0.5 A	6ES7323-1BL00-0AA0	1	
5	前连接器	40针，带螺钉触点	6ES7392-1AM00-0AA0	3	
6	电源连接器	位于PS 307和CPU之间	6ES7390-7BA00-0AA0	1	
7	总线连接器	—	6ES7390-0AA00-0AA0	1	
8	微型存储卡	2 MB	6ES7953-8LL31-0AA0	1	

六、评价

根据项目实施、检查情况及答复项目甲方质询情况，填写评价表。可分为自评和他评（见表1-7和表1-8），评价的主要内容应包括实施过程简要描述、检查情况描述、存在的主要问题、解决方案等。

表1-7 西门子S7-300 PLC 软/硬件安装及初步使用项目自评表

签名： 日期：

表1-8 西门子S7-300 PLC 软/硬件安装及初步使用项目他评表

签名： 日期：

实践练习

一、资讯（项目需求）

A 工厂需要新建一套生产系统，要求采用西门子 S7-300 PLC 进行控制。根据设备的数量和控制要求，预计需要 32 个数字量输入点、24 个数字量输出点，并各预留 8 个，所有数字量输入/输出点均采用直流供电；3 个模拟量输入点、1 个模拟量输出点，各预留 1 个。请完成以下任务：

（1）安装相关软件；
（2）完成硬件选型；
（3）完成硬件安装；
（4）完成硬件组态下载；
（5）提交硬件清单。

二、计划

A 工厂 S7-300 PLC 控制系统组建工作计划见表 1-9。

表 1-9　A 工厂 S7-300 PLC 控制系统组建工作计划

序号	项目	内　　容	时间	人员

三、决策

A 工厂 S7-300 PLC 控制系统组建决策表见表 1-10。

表 1-10　A 工厂 S7-300 PLC 控制系统组建决策表

签名： 日期：

四、实施

A 工厂 S7-300 PLC 控制系统组建实施记录表见表 1-11。

表 1-11　A 工厂 S7-300 PLC 控制系统组建实施记录表

签名：

日期：

五、检查

A 工厂 S7-300 PLC 控制系统组建检查评分表见表 1-12；A 工厂 S7-300 PLC 硬件清单见表 1-13。

表 1-12　A 工厂 S7-300 PLC 控制系统组建检查评分表

项目	分值/分	评分标准	检查情况	得分
安装软件	25	STEP 7 SIMATIC Manager 软件部分为 15 分，S7-PLCSIM 软件部分为 10 分。 1. 软件安装正确，能正常使用，得满分； 2. 软件安装但不能正常使用，得 60%； 3. 软件未安装，不得分		
初步使用软件	25	新建项目部分为 10 分，硬件组态部分为 10 分，硬件清单部分为 5 分。 1. 新建项目得 2 分，项目名称和存储位置各得 2 分，站点类型正确得 4 分； 2. 硬件组态正确得 9 分（分项计分），编译保存正确得 1 分； 3. 硬件清单正确得 5 分		
安装 S7-300 PLC 硬件	25	1. 安全违章扣 10 分； 2. 安装不达标，每项扣 2 分		
进行 CPU 模块基本操作	15	1. 安全违章扣 10 分； 2. 正确插拔 SIMATIC MMC 卡得 3 分； 3. 复位 CPU 存储器、SIMATIC MMC 卡被动格式化、CPU 恢复出厂设置操作各得 4 分		
下载硬件组态	10	1. 安全违章扣 10 分； 2. 正确连接/断开通信线，得 2 分； 3. 正确设置 PG/PC 接口、正确下载各得 4 分		
合计	100			

表1-13　A工厂S7-300 PLC硬件清单

序号	名称	型号规格	订货号	数量	备注

六、评价

A工厂S7-300 PLC控制系统组建自评表和他评表分别见表1-14和表1-15。

表1-14　A工厂S7-300 PLC控制系统组建自评表

签名： 日期：

表1-15　A工厂S7-300 PLC控制系统组建他评表

签名： 日期：

扩展提升

某西门子S7-300 PLC控制系统需要400个数字量输入点、300个数字量输出点，所有数字量输入/输出点均采用直流供电；12个模拟量输入点、12个模拟量输出点，请使用TIA Selection Tool软件完成硬件选型。

项目 2　应用位逻辑指令控制三相异步电动机

背景描述

在 PLC 中，由软元件（软继电器）实现继电器的控制功能。与实际的继电器一样，软元件的触点也分为常开触点和常闭触点。在 PLC 中，用户程序通过控制软元件的线圈，使其触点进行接通或断开两种状态的转换。PLC 中对软元件触点的使用次数是不限的，相当于具有无限多个常开触点和常闭触点，这是实际的继电器所无法比拟的，但是对软元件线圈的使用则有一定编程规则要求，一般应避免多次出现同一软元件的线圈，因为这种所谓的"双线圈输出"可能造成逻辑错误。一个软元件的触点在 PLC 中对应的是一个最小的存储空间——位，所以通常把这类控制称为位逻辑控制。

示范实例

一、资讯

（一）项目需求

在 A 工厂新建的生产系统中，有两台三相异步电动机需要由 S7-300 PLC 进行控制。其中一台要求能正/反/停运行，另一台只要求简单的启/停控制。为了节约成本，作启/停控制的电动机只设一个启动/停止按钮，通过指示灯指示电动机运行状态。交/直流电源、断路器、熔断器、接触器、热继电器、中间继电器、指示灯、按钮、PLC 等元器件已准备好，请根据控制要求完成以下任务：

(1) 确定输入/输出分配表；
(2) 完成 PLC 控制系统电路图；
(3) 完成 PLC 控制系统电路连接；
(4) 完成 PLC 控制系统程序编写；
(5) 完成 PLC 控制系统程序仿真运行；
(6) 完成 PLC 控制系统程序下载并运行。

（二）PLC 的程序运行过程

PLC 采用不断循环的顺序扫描方式工作，其工作过程可分为以下几个阶段。

第一个阶段是上电处理。PLC 上电后对系统进行一次初始化（包括硬件初始化和软件初始化）、停电保持范围设定及其他初始化处理等。

第二个阶段是自诊断处理。PLC 每扫描一次，执行一次自诊断检查，以确定 PLC 自身的动作是否正常，如 CPU、电池电压、程序存储器、I/O 和通信等是否异常或出错。检查出异常时，CPU 面板上的 LED 及异常继电器会接通，在特殊寄存器中会存入出错代码。当出现致命错误时，CPU 被强制为 STOP 模式，所有扫描停止。

第三个阶段是通信服务。PLC 自诊断处理完成以后便进入通信服务过程。首先检查有无通信任务，如有，则调用相应进程，完成与其他设备的通信处理，并对通信数据作相应处理，然后进行时钟、特殊寄存器更新处理等工作。

PLC 在完成上电处理、自诊断处理和通信服务以后，如果模式选择开关在"RUN"位置（处于 RUN 工作模式），则进入程序扫描工作阶段，周而复始地进行输入采样、程序执行、输出刷新等工作循环。PLC 的工作过程示意如图 2-1 所示。

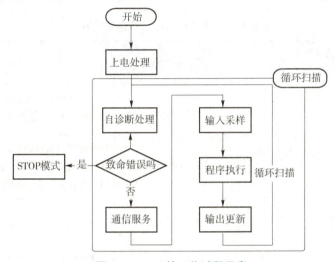

图 2-1　PLC 的工作过程示意

在 PLC 的工作过程中，完成一次循环扫描的时间称为扫描周期。扫描周期与 CPU 的运算速度、输入/输出点数、用户程序的长短及编程情况等有关，通常在 1～200 ms 范围以内。扫描周期直接影响控制的实时性和正确性，为了确保控制能正确实时地进行，在每个扫描周期中，通信任务的作业时间必须被控制在一定范围内。对于一些需要高速处理的信号，则采用特殊的软/硬件措施来处理。

在程序扫描过程中，PLC 首先进入输入采样阶段，扫描所有输入点并将各输入状态存入相对应的输入映像寄存器中。然后，PLC 进入程序执行阶段和输出刷新阶段。此时，输入映像寄存器与外界隔离，无论输入情况如何变化，其内容保持不变，直到下一个扫描周期的输入采样阶段，才重新写入输入点的新内容。因此，输入信号的宽度要大于一个扫描周期，否则很可能造成信号丢失。

输入采样结束后，PLC 进入程序执行阶段。根据 PLC 梯形图程序扫描原则，PLC 按照从上往下、从左到右的顺序扫描执行程序。PLC 读取各元件映像寄存器（包括输入映像寄存器和输出映像寄存器）的当前状态，按照用户程序进行相应的运算，运算结果再存入对应的元件映像寄存器中（不包括输入映像寄存器）。元件映像寄存器（不包括输入映像寄存器）的内容随着程序执行过程的变化而变化。

执行完所有的指令后，PLC 转入输出刷新阶段，把存放输出元件状态或数值的输出映像寄存器内容刷新到输出模块的输出锁存器中，通过输出端子和外部电源，实现对外部设备的控制。至此，PLC 完成一次扫描循环。

（三）S7-300 PLC 的系统存储区划分

从 PLC 的工作过程可知，用户程序在执行过程中要读取刷新相应的元件映像寄存器，在执行过程后要刷新输出锁存器。为了准确完成这些操作，PLC 按照特定的编址方式对这些寄存器空间进行管理。

S7-300 PLC 把系统存储区的空间按照不同用途划分为不同的区域，以 S7 标识符（遵循 IEC 规则）来命名，如用"I"表示输入映像寄存器，用"Q"表示输出映像寄存器，这种方法类似于给不同的楼栋命名。S7-300 PLC 系统存储区的划分见表 2-1。

表 2-1　S7-300 PLC 系统存储区的划分

地址区域	可访问的地址单位	S7 符号	描述
过程映像输入表	位、字节、字、双字	I, IB, IW, ID	循环扫描周期开始时，CPU 从输入端口读取输入值并记录到该区域
过程映像输出表	位、字节、字、双字	Q, QB, QW, QD	在循环扫描周期中，程序计算输出值并记录到该区域。循环扫描周期结束时，CPU 将计算结果写入相应的输出端口
位存储器	位、字节、字、双字	M, MB, MW, MD	该区域用于存储程序的中间计算结果
定时器	定时器	T	该区域提供定时器的存储
计数器	计数器	C	该区域提供计数器的存储
数据块	位、字节、字、双字	DB, DBX, DBB, DBW, DBD DI, DIX, DIB, DIW, DID	数据块中包含了程序的信息。可以定义为所有逻辑块共享（shared DBs）或指定给一个特定的 FB 或 SFB 作背景数据块（instance DB）
局部数据	位、字节、字、双字	L, LB, LW, LD	该区域包含块执行时该块的临时数据。L 堆栈还提供用于传递块参数及记录梯形逻辑网络中间结果的存储器
外设输入	字节、字、双字	PIB, PIW, PID	外设输入区域允许直接存取
外设输出	字节、字、双字	PQB, PQW, PQD	外设输出区域允许直接存取

在 S7-300 PLC 的存储空间中，根据不同的需求，一次访问所面对的存储空间的大小是不一样的。PLC 内部以二进制运行，最小的存储空间为"位"，也称为一个比特（bit）；8 个相连的位组成一个"字节"（Byte），其中最右侧的位为最低位（LSB），最左侧的位为最高位（MSB），按照 0、1、2、…、7 的顺序从右向左进行地址编号。字节是存储空间的基本单位，如果把一个字节看成一个八床位的宿舍，位则

对应其中的"床位"。相邻的两个字节组成一个"字"（Word），相邻的两个字组成一个"双字"（DW），在字和双字中，地址编号数字小的为高位字节，地址编号数字大的为低位字节。字节的地址编号是从 0 开始的整数，如 0，1，2，…，字的地址编号为从 0 开始的偶数，如 0，2，4，…，双字的地址编号则为从 0 开始的能被 4 整除的数，如 0，4，8，…。字节、字以及双字的地址编号可以重叠，但在使用时要注意区分。存储空间由标识符、区划单位、地址编号三部分组成。"位"以"标识符 地址编号.X"表示，其中"."之前的"标识符 地址编号"表示该位所属的字节地址，"."之后的"X"表示字节中的位地址。如 I0.3 是指地址编号为 0 的 8 位输入映像寄存器中的 3 号位，"I"表示输入；QB1 表示地址编号为 1 的输出映像寄存器，其中，"Q"表示输出，"B"代表字节，QB1 包括 Q1.0~Q1.7 共 8 个位空间；MW2 表示地址编号为 2 的 M 元件映像寄存器（位存储器），其中，"W"表示字，包括 MB2，MB3 两个字节共 16 位空间，其中 MB2 为高位字节，MB3 为低位字节；LD4 表示地址编号为 4 的 L 元件映像寄存器（局部数据），其中，"D"表示双字，包括 LB4，LB5，LB6，LB7 四个字节共 32 位空间，其中 LB4 为高位字节，LB7 为低位字节。PLC 存储空间的结构示意如图 2-2 所示。

图 2-2　PLC 存储空间的结构示意

（四）输入/输出分配表

在编写 PLC 程序之前，要先明确所需要的输入/输出点数以及每一个输入/输出端口所分配的具体用途。输入/输出分配表中通常包括元件符号（是什么）、元件名称（干什么）、地址（在哪里）3 个部分，编程时根据编制好的输入/输出分配表选择所需要的元件，这有利于提高编程效率。输入/输出分配表样表见表 2-2。

表 2-2 输入/输出分配表样表

输入			输出		
地址	元件符号	元件名称	地址	元件符号	元件名称
I0.0	SB1	停止按钮	Q0.0	KM1	电动机运行接触器
I0.1	SB2	启动按钮	Q0.1	LED1	电动机运行指示灯

(五) 相关专业术语

（1）bit：位，比特；
（2）Byte：字节（8 位）；
（3）Word：字（16 位）；
（4）DW：Double Word，双字（32 位）；
（5）LSB：Least Significant Bit，最低有效位；
（6）MSB：Most Significant Bit，最高有效位；
（7）Switch Button：开关按钮；
（8）Contactor：接触器；
（9）Coil：线圈。

二、计划

根据项目需求，编制输入/输出分配表，编写两台三相异步电动机的 PLC 控制系统程序并进行仿真调试，完成 PLC 控制系统电路的连接，下载 PLC 控制系统程序到 PLC 并运行，实现所要求的控制功能。

按照通常的 PLC 控制系统程序编写及硬件装调工作流程制订计划，见表 2-3。

表 2-3 应用位逻辑指令控制三相异步电动机工作计划

序号	项目	内容	时间/min	人员
1	编制输入/输出分配表	确定所需要的输入/输出点数并分配具体用途，编制输入/输出分配表（需提交）	5	全体人员
2	绘制 PLC 控制系统电路图	根据输入/输出分配表绘制 PLC 控制系统电路图	15	全体人员
3	连接 PLC 控制系统电路	根据 PLC 控制系统电路图完成 PLC 控制系统电路连接	20	全体人员
4	编写 PLC 控制系统程序	根据控制要求编写 PLC 控制系统程序	25	全体人员
5	PLC 控制系统程序仿真运行	使用 S7-PLCSIM 仿真运行 PLC 控制系统程序	10	全体人员
6	下载 PLC 控制系统程序并运行	把 PLC 控制系统程序下载到 PLC，实现所要求的控制功能	5	全体人员

三、决策

按照表 2-3 所示的工作计划，项目小组全体成员共同确定输入/输出分配表，然后分两个小组分别实施 PLC 控制系统程序编写及硬件装调全部工作，合作完成任务并提交任务评价表。

四、实施

项目的实施必须在保证安全的前提下进行,应提前建立并熟悉项目检查事项及评价要素,在实施过程中予以充分重视,以确保项目顺利进行。

(一)编制输入/输出分配表

根据控制要求,为需要正/反转控制的电动机设置3个按钮,分别是正转启动按钮、反转启动按钮和停止按钮,为只需要启动停止控制的电动机设置一个启动/停止按钮;为需要正/反转控制的电动机设置两个控制继电器,分别是正转继电器和反转继电器,为只需要启动/停止控制的电动机设置一个运行继电器和运行指示灯。输入/输出分配表见表2-4。

表2-4 输入/输出分配表

输入			输出		
地址	元件符号	元件名称	地址	元件符号	元件名称
I0.0	SB1	停止按钮	Q0.0	KA1	电动机1正转继电器
I0.1	SB2	正转启动按钮	Q0.1	KA2	电动机1反转继电器
I0.2	SB3	反转启动按钮	Q0.2	KA3	电动机2运行继电器
I0.3	SB4	启动/停止按钮	Q0.3	LED1	电动机2运行指示灯

(二)绘制PLC控制系统电路图

根据控制需求,绘制PLC控制系统电路图,如图2-3和图2-4所示。图中包括交/直流电源、断路器、熔断器、接触器、热继电器、中间继电器、指示灯、按钮和PLC等元器件。

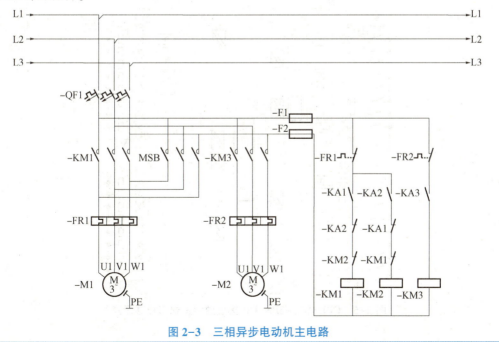

图2-3 三相异步电动机主电路

项目2 应用位逻辑指令控制三相异步电动机 29

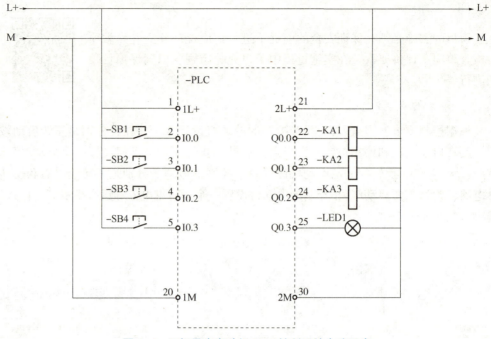

图 2-4 三相异步电动机 PLC 控制系统电路示意

(三)连接 PLC 控制系统电路

S7-300 系列中的 CPU314C-2PN/DP 是一款紧凑型 PLC,集成有 DI/DO 和 AI/AO,包括 24 个 DI 端口、16 个 DO 端口、5 个 AI 端口和 2 个 AO 端口。其中,前 16 个 DI 端口和全部 16 个 DO 端口共用一个前连接器,后 8 个 DI 端口和全部 AI/AO 端口共用一个前连接器。这两个前连接器的接线示意如图 2-5 和图 2-6 所示。

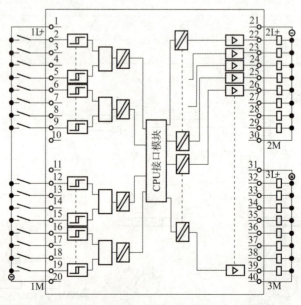

图 2-5 CPU314C-2PN/DP 集成数字量端口接线示意

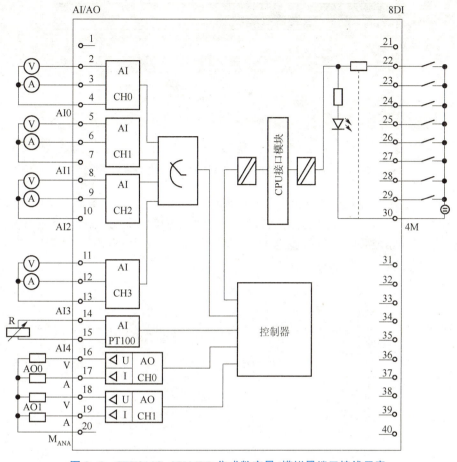

图 2-6 CPU314C-2PN/DP 集成数字量/模拟量端口接线示意

连接 PLC 时要根据端口接线图，按工艺规范完成电路的连接。电路的连接主要考虑元器件的布置安装、导线线径与颜色的选择、接线端子的选择与制作、线号标识的制作与排列，最终实现器件布局间距合理，安装稳固可靠，布线整齐有序、松紧适宜，接线规范牢固，标识清晰明确。

（四）编写 PLC 控制系统程序

1. STEP 7 SIMATIC Manager 编程简介

在 STEP 7 SIMATIC Manager 软件中有专门的 PLC 编程界面。在 STEP 7 SIMATIC Manager 中打开项目文件，双击右侧窗口中的"OB1"图标，就会自动进入编程界面，如图 2-7 所示。

编程界面的布局可通过"视图"下拉菜单中的选项来设置，在"视图"下拉菜单中还可通过选择"LAD"→"STL"→"FBD"选项来确定编程的语言。一般情况下，常采用梯形图来进行编程。

在编程界面中，总览区可显示"程序元素"或"调用结构"，根据编程者的习惯不同，总览区可处于左边或右边或浮动显示。总览区显示的程序元素就是编程时可使用的各种图形元素，每个图形元素代表一种编程的控制功能。编程窗口分为数据窗口

项目 2 应用位逻辑指令控制三相异步电动机 31

图 2-7　STEP 7 SIMATIC Manager 软件中的编程界面

和程序窗口，可通过移动数据窗口和程序窗口之间的分隔条来改变两个窗口的大小或者关闭其中一个窗口。通过选择"视图"下拉菜单中的"显示方式"子菜单中不同的选项，可显示或关闭"符号表达式""符号信息""符号选择""注释""地址标识"等不同信息，方便编程与查阅，如图 2-8 所示。

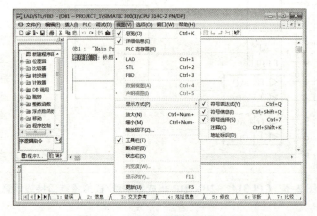

图 2-8　改变梯形图的显示方式

S7-300 PLC 的梯形图程序是由一个个程序段组成的。每个程序段只能包括一个独立的程序行，否则程序不能通过编译或在下载时提示错误。图 2-9 所示就是错误的程序段提示信息。

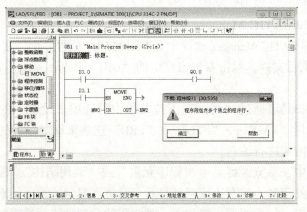

图 2-9　错误的程序段提示信息

学习笔记

在使用梯形图编程时，首先要弄清楚控制要求的逻辑关系，然后根据逻辑关系从左边的左母线开始，依次插入所需的元件，并采用适当的连接形式把这些元件连接起来。

对于位逻辑来说，元件的串联实现“与”的功能，元件的并联实现“或”的功能。作为一种简便的方法，PLC 实现通常的继电控制功能所采用的梯形图程序在形式上与继电控制电路有类似的地方，因此可以参考继电控制电路编写梯形图程序。

2. 电动机正转、反转、停止控制程序

电动机包括正转、反转、停止 3 种状态，根据控制要求的不同，可对电动机进行点动或长动控制。电动机一般采用接触器通断电源，小功率的电动机可用继电器取代接触器，电动机控制电路中的主令电器通常为按钮。实现电动机点动控制的 PLC 程序如图 2-10 所示。

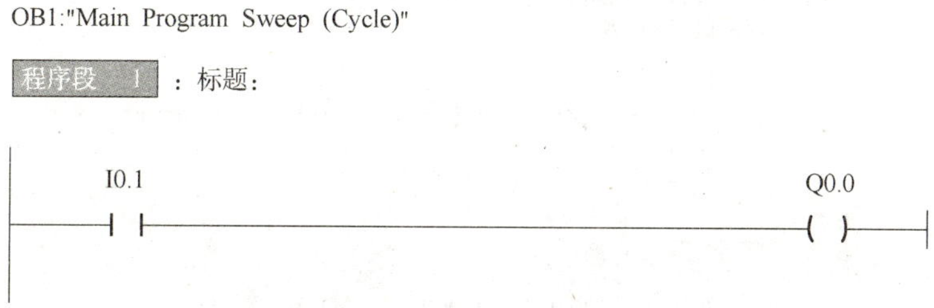

OB1:"Main Program Sweep (Cycle)"
程序段 1 ：标题：
I0.1
Q0.0

图 2-10 实现电动机点动控制的 PLC 程序

在实现电动机点动控制的 PLC 程序中加入停止按钮及自锁触点，就可以实现长动控制。自锁触点为与启动按钮输入触点并联的输出线圈的常开触点，形式上与实际控制电路相同。实现电动机长动控制的 PLC 程序如图 2-11 所示。

OB1:"Main Program Sweep (Cycle)"
程序段1 ：标题：
I0.1
I0.0
Q0.0
Q0.0
OB1:"Main Program Sweep (Cycle)"
程序段1 ：标题：
I0.1
I0.0
Q0.0
Q0.0

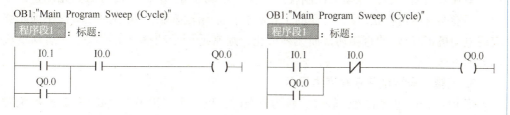

图 2-11 实现电动机长动控制的 PLC 程序

停止按钮输入在 PLC 程序中既可以使用常开触点，也可以使用常闭触点。当外部连接的是停止按钮的常闭触点时，PLC 程序中使用常开触点；当外部连接的是停止按钮的常开触点时，PLC 程序中使用常闭触点。在控制逻辑上，这两种方案是一致的，但是相对来说，外部连接停止按钮的常闭触点可提高控制的安全性，可有效预防停止按钮断线导致不能停止电动机运行的隐患。本书为方便程序阅读，在 PLC 程序中的停止按钮采用常闭触点。

在实现时要防止发生同时接通电动机正转电路和反转电路，通常采用的方法是进行互锁。PLC 程序实现互锁也和实际控制电路一样，是在互锁对象一方的控制程序中串联接入另一方的主令输入常闭触点或线圈输出常闭触点，既可以单独串联接入，也

可以同时串联接入，效果等同于实际控制电路的按钮互锁、接触器互锁以及按钮接触器双重互锁。实现电动机正/反转控制的 PLC 程序如图 2-12 所示。

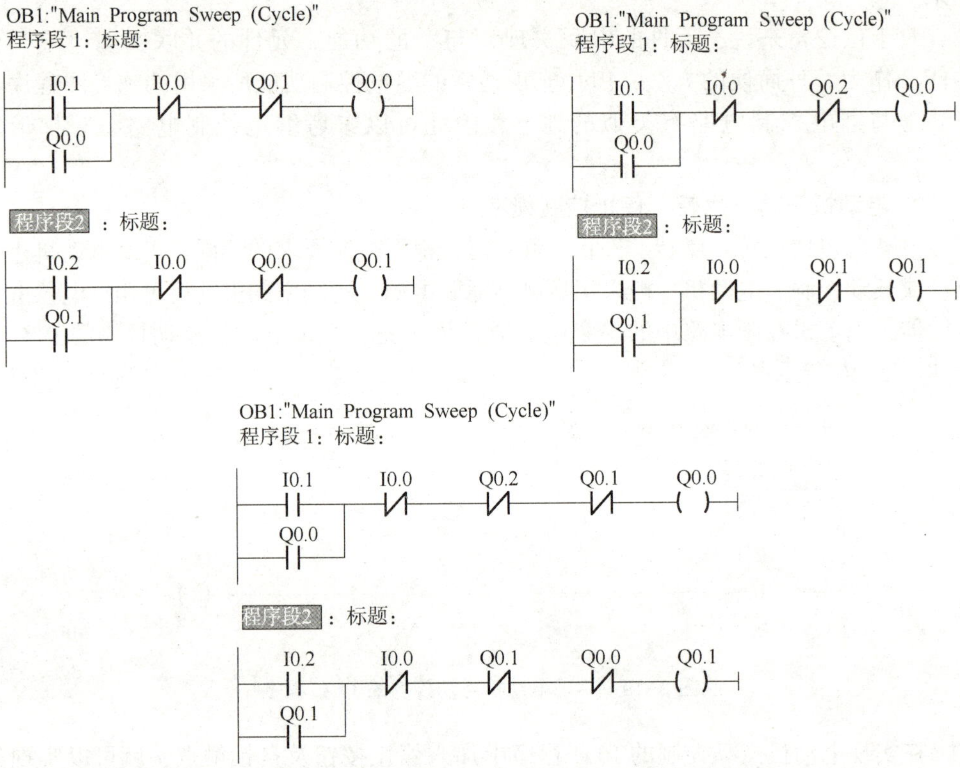

OB1:"Main Program Sweep (Cycle)"
程序段 1：标题：

```
   I0.1    I0.0    Q0.1    Q0.0
───┤├──┬──┤/├────┤/├─────(  )──
       │
   Q0.0│
───┤├──┘
```

程序段2：标题：

```
   I0.2    I0.0    Q0.0    Q0.1
───┤├──┬──┤/├────┤/├─────(  )──
       │
   Q0.1│
───┤├──┘
```

OB1:"Main Program Sweep (Cycle)"
程序段 1：标题：

```
   I0.1    I0.0    Q0.2    Q0.0
───┤├──┬──┤/├────┤/├─────(  )──
       │
   Q0.0│
───┤├──┘
```

程序段2：标题：

```
   I0.2    I0.0    Q0.1    Q0.1
───┤├──┬──┤/├────┤/├─────(  )──
       │
   Q0.1│
───┤├──┘
```

OB1:"Main Program Sweep (Cycle)"
程序段 1：标题：

```
   I0.1    I0.0    Q0.2    Q0.1    Q0.0
───┤├──┬──┤/├────┤/├────┤/├─────(  )──
       │
   Q0.0│
───┤├──┘
```

程序段2：标题：

```
   I0.2    I0.0    Q0.1    Q0.0    Q0.1
───┤├──┬──┤/├────┤/├────┤/├─────(  )──
       │
   Q0.1│
───┤├──┘
```

图 2-12　实现电动机正/反转控制的 PLC 程序

单独采用输出触点互锁的控制程序在实现电动机正/反转切换时需要先停止，适用于不能够直接进行正/反转切换的工作场合。采用输入触点互锁的控制程序则能够实现电动机正/反转的直接切换而无须停止，通常适用于功率及负荷较小、启动电流不大的工作场合。

3．编辑符号地址并在程序中显示

当 PLC 程序包含的元件较多、较为复杂时，仅采用"I0.0""Q0.0"这样的绝对地址会使程序不易理解。STEP 7 SIMATIC Manager 提供了一种符号地址的方式来帮助人们阅读理解程序。单击 STEP 7 SIMATIC Manager 项目窗口左侧的"S7 程序"，再双击右侧窗口中出现的"符号"图标，可打开符号编辑器，如图 2-13 所示。利用程序编辑窗口的"选项"菜单也能打开符号编辑器。

根据输入/输出分配表，把对应的元件名称和地址分别输入符号栏和地址栏，然后保存退出。完成的符号表如图 2-14 所示。

在程序编辑窗口中选择"视图"→"显示方式"选项，勾选"符号选择"复选框，在程序段中的元件上方空白处单击，弹出元件名方框，按任意键，可以看到在下方显示已编辑好的符号表，双击选择所需要的元件，即可自动完成元件选择。显示有元件符号地址的程序段如图 2-15 所示。

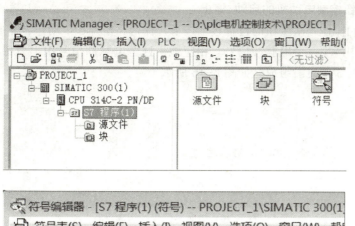

图 2-13 符号编辑器

图 2-14 完成的符号表

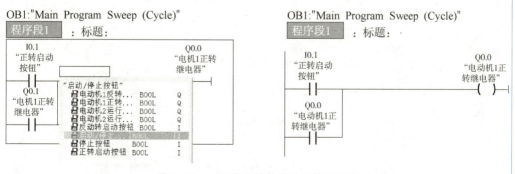

图 2-15 显示有元件符号地址的程序段

4. 单按钮控制电动机的启动/停止

通常人们操作一次按钮的过程包括按下、保持、松开 3 个动作，完成这 3 个动作后便在电路中产生一个电脉冲信号。相应地，这个电脉冲信号由上升沿、高电平/低电平、下降沿 3 条边沿组成，如图 2-16 所示。

图 2-16　电脉冲信号的组成示意
(a) 正脉冲；(b) 负脉冲

在 S7-300 PLC 编程中，触点的通/断转换通常是指高/低电平的转换，其对电路的影响称为电平触发。电平触发会在电平保持的时间内对电路产生影响。如果要强调电平变化瞬间对电路的影响，就需要引入边沿触发，包括上升沿触发和下降沿触发。在 PLC 中有专门的指令与之对应。

图 2-17 所示的这段程序，通过上升沿触发指令，实现了用一个按钮完成电动机的启动/停止控制的功能。

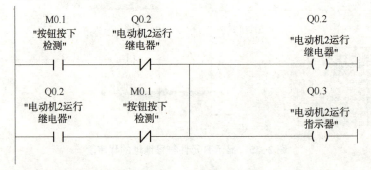

图 2-17　实现单按钮启动/停止控制电动机的 PLC 程序

在上升沿触发指令中，M0.0 存储的是按钮 I0.3 被操作之前的状态，I0.3 存储的是按钮当前状态。在按下按钮的瞬间，M0.0 为"0"，I0.3 为"1"，表示产生了由"0"到"1"的上升沿，POS 指令输出为"1"，M0.1 得电；在按下按钮保持不变的过程中，M0.0 为"1"，I0.3 为"1"，POS 指令输出为"0"，M0.1 不得电；在松开按钮的时候，M0.0 为"1"，I0.3 为"0"，POS 指令输出为"0"，M0.1 不得电。与之类似，NEG 指令用于检测下降沿。

在编程时，如果对选用的指令不是很熟悉，可以通过快捷键 F1 快速打开"梯形图帮助"窗口查看所选指令的详细文档。"梯形图帮助"窗口如图 2-18 所示。

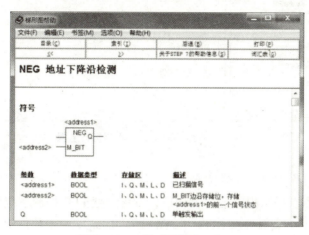

图 2-18 "梯形图帮助"窗口

（五）PLC 控制系统程序仿真运行

在编写 PLC 控制系统程序的过程中，一般不建议一次把程序全部编好再进行调试。通常的做法是编写好一段或几段后就测试是否能实现预期的功能。STEP 7 SIMATIC Manager 提供了用于程序仿真的 S7-PLCSIM 软件，可通过在 STEP 7 SIMATIC Manager 窗口的"选项"菜单中选择"模块仿真"选项来打开或关闭 S7-PLCSIM，也可以直接单击 SIMATIC Manager 窗口中的"打开/关闭仿真器"图标来实现同样的功能。

打开 S7-PLCSIM，单击工具条中的"始终前置"图标，让仿真窗口保持在最前面。根据需要单击"插入输入变量""插入输出变量""插入位存储器"等图标并修改相应的地址，调整窗口大小以适应屏幕显示。在 STEP 7 SIMATIC Manager 项目窗口单击"下载"图标或按"Ctrl＋L"组合键，把系统数据和程序块"OB1"下载到 S7-PLCSIM 中。在 S7-PLCSIM 中选择"RUN"，选择输入点进行输入信号的接通/断开操作，可以看到相应的输出点和其他存储器的状态发生了变化。图 2-19 所示为 S7-PLCSIM 程序仿真示意。

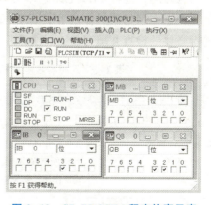

图 2-19 S7-PLCSIM 程序仿真示意

在程序编辑窗口中单击"监视（开/关）"图标或按"Ctrl+F7"组合键也能看到程序状态对应的变化，如图 2-20 所示。

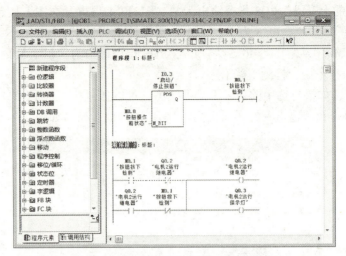

图 2-20　程序编辑窗口的程序运行监视

（六）下载 PLC 控制系统程序运行

通过仿真检查，确认程序编写无误后，就可以把 PLC 控制系统程序下载到 PLC 中正式运行。首次下载时要在 STEP 7 SIMATIC Manager 中把硬件组态生成的系统数据下载到 PLC 中，之后在程序调试过程中可直接在程序编辑窗口下载修改好的程序，无须重复下载系统数据。在运行 PLC 控制系统程序前，要确认所有电路已正确连接，电源状态正常，所有开关处于正确位置。运行 PLC 控制系统程序时，要根据控制要求正确操作外部设备，遇到紧急情况要及时停止程序运行以确保安全。

五、检查

本次项目的主要任务是：根据控制需求及给定的元器件，编写输入/输出分配表，绘制电路图，连接 PLC 电路，编写调试 PLC 程序，最终实现预期的控制功能。

根据本项目的具体内容，设置表 2-5 所示的检查评分表，在实施过程和终结时进行必要的检查并填写检查评分表。

表 2-5　三相异步电动机正/反转及单按钮控制项目检查评分表

项目	分值	评分标准	检查情况	得分
编制输入/输出分配表	10 分	1. 所有输入地址编排合理，节约硬件资源，元件符号与元件作用说明完整，得 5 分； 2. 所有输出地址编排合理，节约硬件资源，元件符号与元件作用说明完整，得 5 分		
绘制 PLC 控制系统电路图	10 分	1. 电路图元件齐全，标注正确，得 5 分； 2. 电路功能完整，布局合理，得 5 分		

续表

项目	分值	评分标准	检查情况	得分
连接 PLC 控制系统电路	10 分	1. 安全违章扣 10 分； 2. 安装不达标，每项扣 2 分		
编写 PLC 控制系统程序	50 分	1. 功能正确，程序段合理，得 30 分； 2. 符号表正确完整，得 10 分； 3. 绝对地址、符号地址显示正确，程序段注释合理，得 10 分		
PLC 控制系统程序仿真运行	10 分	1. S7-PLCSIM 打开正确，下载正常，得 5 分； 2. 仿真操作正确，能正确仿真运行程序，得 5 分		
下载 PLC 控制系统程序运行	10 分	1. 程序下载正确，PLC 指示灯正常，得 5 分； 2. 程序运行操作正确，能实现预定功能，得 5 分		
合计	100 分			

六、评价

根据项目实施、检查情况及答复项目甲方质询情况，填写评价表。评价分为自评（见表 2-6）和他评（见表 2-7），主要内容应包括实施过程简要描述、检查情况描述、存在的主要问题、解决方案等。

表 2-6　应用位逻辑指令控制三相异步电动机项目自评表

签名：
日期：

表 2-7　应用位逻辑指令控制三相异步电动机项目他评表

签名：
日期：

实践练习

一、资讯（项目需求）

A 工厂新建的生产系统中，有一台三相异步电动机需要由 S7-300 PLC 进行控制，要求进行星-三角手动切换运行，能正/反转，通过指示灯指示电动机运行状态。交/直流电源、断路器、熔断器、接触器、热继电器、中间继电器、指示灯、按钮、PLC 等元器件已准备好，请根据控制要求完成以下任务：

(1) 确定输入/输出分配表；
(2) 完成 PLC 控制系统电路图；
(3) 完成 PLC 控制系统电路连接；
(4) 完成 PLC 控制系统程序编写；
(5) 完成 PLC 控制系统程序仿真运行；
(6) 完成 PLC 控制系统程序下载并运行。

二、计划

A 工厂三相异步电动机 PLC 控制项目工作计划见表 2-8。

表 2-8　A 工厂三相异步电动机 PLC 控制项目工作计划

序号	项目	内容	时间	人员
1				
2				
3				
4				
5				
6				

三、决策

A 工厂三相异步电动机 PLC 控制项目决策表见表 2-9。根据任务要求和资源、人员的实际配置情况，按照工作计划，采取项目小组的方式开展工作，小组内实行分工合作，每位成员都要完成全部任务并提交项目评价表。

表 2-9　A 工厂三相异步电动机 PLC 控制项目决策表

签名： 日期：

四、实施

（一）输入/输出分配表（见表 2-10）

表 2-10　输入/输出分配表

输入			输出		
地址	元件符号	元件名称	地址	元件符号	元件名称

（二）PLC 控制系统电路图

（三）PLC 控制系统程序

A 工厂三相异步电动机 PLC 控制项目实施记录表见表 2-11。

表 2-11　A 工厂三相异步电动机 PLC 控制项目实施记录表

五、检查

A 工厂三相异步电动机 PLC 控制项目检查评分表见表 2-12。

表 2-12　A 工厂三相异步电动机 PLC 控制项目检查评分表

项目	分值	评分标准	检查情况	得分
编制输入/输出分配表	10 分	1. 所有输入地址编排合理，节约硬件资源，元件符号与元件作用说明完整，得 5 分； 2. 所有输出地址编排合理，节约硬件资源，元件符号与元件作用说明完整，得 5 分		
绘制 PLC 控制系统电路图	10 分	1. 电路图元件齐全，标注正确，得 5 分； 2. 电路功能完整，布局合理，得 5 分		
连接 PLC 控制系统电路	10 分	1. 安全违章扣 10 分； 2. 安装不达标，每项扣 2 分		
编写 PLC 控制系统程序	50 分	1. 功能正确，程序段合理，得 30 分； 2. 符号表正确完整，得 10 分； 3. 绝对地址、符号地址显示正确，程序段注释合理，得 10 分		
PLC 控制系统程序仿真运行	10 分	1. S7-PLCSIM 打开正确，下载正常，得 5 分； 2. 仿真操作正确，能正确仿真运行程序，得 5 分		
下载 PLC 程序运行	10 分	1. 程序下载正确，PLC 指示灯正常，得 5 分； 2. 程序运行操作正确，能实现预定功能，得 5 分		
合计	100 分			

六、评价

A 工厂三相异步电动机 PLC 控制项目自评表和他评表见表 2-13 和表 2-14。

表 2-13　A 工厂三相异步电动机 PLC 控制项目自评表

签名： 日期：

表 2-14　A 工厂三相异步电动机 PLC 控制项目他评表

   　　　　　　　　　　　　　　　　　　　　　签名： 　　　　　　　　　　　　　　　　　　　　　日期：

扩展提升

　　A 工厂新建的生产系统中，有两台三相异步电动机需要由 S7-300 PLC 进行控制，两台电动机工作时要求只能先启动 M1 电动机，然后才能启动 M2 电动机；两台电动机可以同时停止或者先停止 M2 电动机后停止 M1 电动机，通过指示灯指示电动机运行状态。交/直流电源、断路器、熔断器、接触器、热继电器、中间继电器、指示灯、按钮、PLC 等元器件已准备好，请根据控制要求完成以下任务：

（1）确定输入/输出分配表；
（2）完成 PLC 控制系统电路图；
（3）完成 PLC 控制系统电路连接；
（4）完成 PLC 控制系统程序编写；
（5）完成 PLC 控制系统程序仿真运行；
（6）完成 PLC 控制系统程序下载并运行。

项目3 应用定时器指令实现顺序和间歇控制

背景描述

在继电器控制系统中，常使用时间继电器进行延时控制。在 PLC 控制系统中，类似的功能可以由定时器指令实现。与继电器控制系统中的通电延时和断电延时相比，PLC 中定时器指令能实现更为丰富的控制功能。在 PLC 中，定时器按照设置好的时间基准进行计数，当计数值达到预设时间值时，定时器的状态发生翻转，从而实现定时功能。

示范实例

一、资讯

（一）项目需求

在 A 工厂新建的生产系统中，有两条皮带由两台三相异步电动机驱动。其中，一条是上料皮带，另一条是运输皮带。工作时要求运输皮带启动 5 s 后上料皮带才能启动；上料皮带停止后，运输皮带继续运行 10 s 才停止。在运输皮带运行过程中，运行指示灯以 1 Hz 的频率闪烁进行安全警示。皮带采用 S7-300 PLC 进行控制，相关元器件已准备好，请根据控制要求完成以下任务：

（1）确定输入/输出分配表；
（2）完成 PLC 控制系统电路图；
（3）完成 PLC 控制系统电路连接；
（4）完成 PLC 控制系统程序编写；
（5）完成 PLC 控制系统程序仿真运行；
（6）完成 PLC 控制系统程序下载并运行。

（二）S7-300 PLC 的定时器

S7-300 PLC 的定时器有 5 种类型，分别是脉冲定时器、扩展脉冲定时器、接通延时定时器、保持接通延时定时器、断开延时定时器。在使用定时器时，首先要根据用途确定合适的定时器类型，然后指定所选定时器的编号，最后设置定时预设值及相关触发信号。CPU 型号不同，所包含的定时器数量也不同。

定时器本质上是按照指定的时间间隔对预设时间值进行减 1 计算的计数器，这个指定的时间间隔称为时间基准。一个定时器单元占用16位存储空间，其中0~11位以BCD码的形式存放时间值，其范围为0~999。第12位和第13位存放表示时间基准的二进制编码，00、01、10、11分别对应定时器的10 ms、100 ms、1 s、10 s四种时间基准。一个定时器最大定时不超过9 990 s，即2 h 46 min 30 s。定时器的当前时间值可以用整数格式读出，也可以用BCD码格式读出。

S7-300 PLC的定时器预设时间值可采用S5TIME数据格式或十六进制数字格式。S5TIME数据格式的一般形式为"S5T#aH_bM_cS_dMS"，其中a、b、c、d代表具体的小时、分钟、秒、毫秒时间值。采用S5TIME数据格式直接设定定时器的预设时间值时，时间基准由CPU根据定时预设值自动选择，CPU总是在可行范围内试图选择精度最高的时间基准。在选定时间基准后，定时预设值将被时间基准整除，所得的商被保存为实际执行的预设时间值，不能被时间基准整除的余数值将被丢弃。当定时预设值较大，同时又希望获得较高的定时精度时，往往需要对预设时间值进行分段处理。采用十六进制数字格式设定定时器预设时间值的一般形式为"W#16#wxyz"，其中，w为表示时间基准的编码，取值包括0、1、2、3；xyz为预设时间值的BCD码，取值范围为0~999。

定时器单元的位组态格式如图3-1所示。

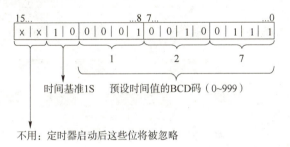

图3-1 定时器单元的位组态格式

使用定时器时要根据需要设置相应的参数，S7-300 PLC定时器参数见表3-1。

表3-1 S7-300 PLC定时器参数

参数名称	数据类型	存储区	描述
no.	TIMER	T	定时器编号，范围取决于CPU型号
S	BOOL	I, Q, M, D, L, T, C	预设时间值设置输入
TV	S5TIME	I, Q, M, D, L 或常数	预设时间值，范围为0~999
R	BOOL	I, Q, M, D, L, T, C	复位输入
Q	BOOL	I, Q, M, D, L	定时器状态
BI	WORD	I, Q, M, D, L	剩余时间（值为整数格式）
BCD	WORD	I, Q, M, D, L	剩余时间（值为BCD码格式）

1. 脉冲定时器（S_PULSE）

(1) 符号。脉冲定时器的符号如图3-2所示。

(2) 功能描述。当脉冲定时器的S端的输入信号产生一个上升沿时，该定时器

图 3-2 脉冲定时器的符号

即装载预设时间值 TV 并启动运行。在脉冲定时器运行时，S 端的信号状态必须保持为"1"，其输出端 Q 的信号状态为"1"。按时间基准间隔对脉冲定时器当前值从预设时间值 TV 开始，进行减"1"运算，直至当前值为"0"。此时脉冲定时器停止运行，其输出端 Q 的信号状态为"0"。若在定时器当前值减为"0"之前，输入端 S 的信号状态从"1"变为"0"，则脉冲定时器停止。

在脉冲定时器运行期间，若其复位端 R 输入信号从"0"变为"1"，则脉冲定时器将被复位，当前时间值和时间基准被复位为"0"且输出端 Q 的信号状态也变为"0"。

脉冲定时器的当前时间值可在输出端 BI 和 BCD 输出。其中，在 BI 端是以二进制编码形式输出，在 BCD 端是以 BCD 编码形式输出。当前时间值为预设时间值 TV 减去脉冲定时器启动后经过的时间。

（3）动作时序。脉冲定时器的动作时序如图 3-3 所示。

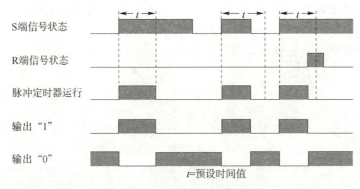

图 3-3 脉冲定时器的动作时序

2. 扩展脉冲定时器（S_PEXT）

（1）符号。扩展脉冲定时器的符号如图 3-4 所示。

（2）功能描述。只要扩展脉冲定时器 S 端的输入信号产生一个上升沿，该定时器即装载预设时间值 TV 并启动运行。在扩展脉冲定时器运行时，输入端 S 的信号状态从"1"变为"0"不会影响定时器的运行，其输出端 Q 的信号状态为"1"。按时间基准间隔对扩展脉冲定时器当前时间值从预设时间值 TV 开始，进行减"1"运算，直至当前时间值为"0"。此时扩展脉冲定时器停止运行，输出端 Q 的信号状态为"0"。如果在扩展脉冲定时器运行期间输入端 S 的信号状态从"0"变为"1"，定时器将被重新触发启动，从预设时间值 TV 开始重新计时。

图 3-4 扩展脉冲定时器的符号

在扩展脉冲定时器运行期间，若复位端 R 的信号状态从"0"变为"1"，则定时器将被复位，当前时间值和时间基准被复位为 0 且输出端 Q 的信号状态也变为"0"。

扩展脉冲定时器的当前时间值可在 BI 端和 BCD 端输出。其中，在 BI 端是以二进制编码形式输出，在 BCD 端是以 BCD 编码形式输出。当前时间值为预设时间值 TV

减去扩展脉冲定时器启动后经过的时间。

（3）动作时序。扩展脉冲定时器的动作时序如图3-5所示。

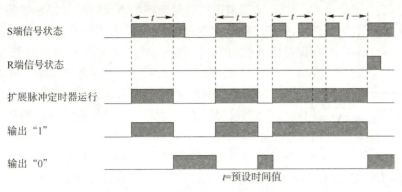

图 3-5　扩展脉冲定时器的动作时序

3. 接通延时定时器（S_ODT）

（1）符号。接通延时定时器的符号如图3-6所示。

（2）功能描述。当接通延时定时器S端的输入信号产生一个上升沿时，该定时器即装载预设时间值TV并启动运行。在接通延时定时器运行时，S端的信号状态必须为"1"；否则，接通延时定时器将停止运行。按时间基准间隔对接通延时定时器当前时间值从预设时间值TV开始，进行减"1"运算，直至当前时间值为"0"。此时其输出端Q的信号状态为由"0"变为"1"。

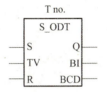

图 3-6　接通延时定时器的符号

若在接通延时定时器当前值减为"0"之前，输入端S的信号状态从"1"变为"0"，则接通延时定时器将停止工作，其输出端Q的信号状态变为"0"。

在接通延时定时器运行期间，若复位端R的信号状态从"0"变为"1"，则接通延时定时器将被复位，当前时间值和时间基准被复位为0且输出端Q的信号状态也变为"0"。

接通延时定时器的当前时间值可在BI端和BCD端输出。其中，在BI端是以二进制编码形式输出，在BCD端是以BCD编码形式输出。当前时间值为预设时间值TV减去接通延时定时器启动后经过的时间。

（3）动作时序。接通延时定时器的动作时序如图3-7所示。

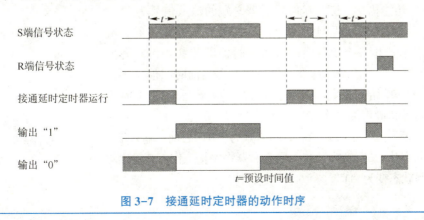

图 3-7　接通延时定时器的动作时序

4. 保持接通延时定时器（S_ODTS）

（1）符号。保持接通延时定时器的符号如图 3-8 所示。

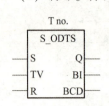

图 3-8　保持接通延时定时器的符号

（2）功能描述。只要保持接通延时定时器 S 端的输入信号产生一个上升沿，该定时器即装载预设时值 TV 并启动运行。在保持接通延时定时器运行时，输入端 S 的信号状态从"1"变为"0"不会影响定时器的运行。按时间基准间隔对保持接通延时定时器当前时间值从预设时间值 TV 开始，进行减"1"运算，直至当前时间值为"0"。此时其输出端 Q 的信号状态为由"0"变为"1"。

在保持接通延时定时器运行期间，若输入端 S 的信号状态从"0"变为"1"，定时器将被重新触发启动，从预设时间值 TV 开始重新计时；若复位端 R 的信号状态从"0"变为"1"，则保持接通延时定时器将被复位，当前时间值和时间基准被复位为 0 且输出端 Q 的信号状态也变为"0"。

保持接通延时定时器的当前时间值可在 BI 端和 BCD 端输出。其中，在 BI 端是以二进制编码形式输出，在 BCD 端是以 BCD 编码形式输出。当前时间值为预设时间值 TV 减去保持接通延时定时器启动后经过的时间。

（3）动作时序。保持接通延时定时器的动作时序如图 3-9 所示。

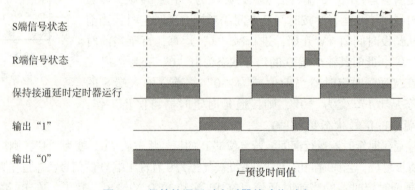

图 3-9　保持接通延时定时器的动作时序

5. 断开延时定时器（S_OFFDT）

（1）符号。断开延时定时器的符号如图 3-10 所示。

（2）功能描述。断开延时定时器 S 端的输入信号为"1"时，其输出端 Q 的信号状态为"1"。当断开延时定时器 S 端的输入信号产生一个下降沿时，该定时器即装载预设时值 TV 并启动计时。按时间基准间隔对定时器当前时间值从预设时间值 TV 开始，进行减"1"运算，直至当前时间值为"0"。此时其输出端 Q 的信号状态由"1"变为"0"。

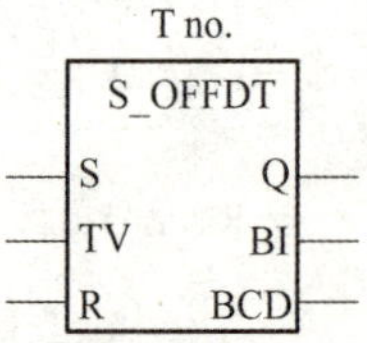

图 3-10　断开延时定时器的符号

若在断开延时定时器当前时间值减为"0"之前，输入端 S 的信号状态从"0"变为"1"，则定时器将停止工作，其输出端 Q 的信号状态变为"1"。

在断开延时定时器运行期间，若复位端 R 的信号状态从"0"变为"1"，则断开延时定时器将被复位，当前时间值和时间基准被复位为 0 且输出端 Q 的信号状态也变为"0"。

断开延时定时器的当前时间值可在 BI 端和 BCD 端输出。其中，在 BI 端是以二进制编码形式输出，在 BCD 端是以 BCD 编码形式输出。当前时间值为预设时间值 TV 减去断开延时定时器启动后经过的时间。

（3）动作时序。断开延时定时器的动作时序如图 3-11 所示。

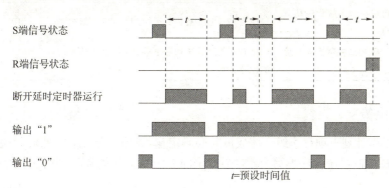

图 3-11　断开延时定时器的动作时序

（三）相关专业术语

（1）BCD：Binary-Coded Decimal，二进码十进数；

（2）Time Base：时间基准，时基；

（3）Signal：信号；

（4）Positive Edge：上升沿；

（5）Negative Edge：下降沿；

（6）RLO：Result of Logic Operation，逻辑运算结果；

（7）S_PULSE：Pulse S5 Timer，脉冲定时器；

（8）S_PEXT：Extended Pulse S5 Timer，扩展脉冲定时器；

（9）S_ODT：On-Delay S5 Timer，接通延时定时器；

（10）S_ODTS：Retentive On-Delay S5 Timer，保持接通延时定时器；

（11）S_OFFDT：Off-Delay S5 Timer，断开延时定时器。

二、计划

根据项目需求，编制输入/输出分配表，编写两台三相异步电动机的顺序控制程序和指示灯的闪烁控制程序并进行仿真调试，完成 PLC 控制系统电路的连接，下载程序到 PLC 并运行，实现所要求的控制功能。

按照通常的 PLC 控制系统程序编写及硬件装调工作流程制定计划，见表 3-2。

表 3-2　应用定时器指令实现顺序和间歇控制工作计划

序号	项目	内容	时间/min	人员
1	编制输入/输出分配表	确定所需要的输入/输出点数并分配具体用途，编制输入/输出分配表（需提交）	5	全体人员

续表

序号	项目	内容	时间/min	人员
2	绘制 PLC 控制系统电路图	根据输入/输出分配表绘制 PLC 控制系统电路图	15	全体人员
3	连接 PLC 控制系统电路	根据 PLC 控制系统电路图完成电路连接	20	全体人员
4	编写 PLC 控制系统程序	根据控制要求编写 PLC 控制系统程序	25	全体人员
5	PLC 控制系统程序仿真运行	使用 S7-PLCSIM 仿真运行 PLC 控制系统程序	10	全体人员
6	下载 PLC 控制系统程序并运行	把 PLC 控制系统程序下载到 PLC，实现所要求的控制功能	5	全体人员

三、决策

按照工作计划，项目小组全体成员共同确定输入/输出分配表，然后分两个小组分别实施 PLC 控制系统程序编写及硬件装调全部工作，合作完成任务并提交项目评价表。

四、实施

项目的实施必须在保证安全的前提下进行，应提前建立并熟悉项目检查事项及评价要素，在实施过程中予以充分重视，以确保项目顺利进行。

(一) 编制输入/输出分配表

根据控制要求，两条皮带是联动控制，因此输入元件只需要设置一个启动按钮和一个停止按钮，输出元件设置两个控制继电器，分别是运输皮带运行继电器和上料皮带运行继电器，以及一个皮带运行指示灯。各元件的输入/输出分配表见表 3-3。

表 3-3 输入/输出分配表

输入			输出		
地址	元件符号	元件名称	地址	元件符号	元件名称
I0.0	SB1	停止按钮	Q0.0	KA1	运输皮带运行继电器
I0.1	SB2	启动按钮	Q0.1	KA2	上料皮带运行继电器
—	—	—	Q0.2	LED1	皮带运行指示灯

(二) 绘制 PLC 控制系统电路图

根据控制需求，绘制 PLC 控制系统电路图，如图 3-12 和图 3-13 所示。图中包括交/直流电源、断路器、熔断器、接触器、热继电器、中间继电器、指示灯、按钮、PLC 等元器件。

(三) 连接 PLC 控制系统电路

按工艺规范完成 PLC 控制系统电路的连接。PLC 控制系统电路的连接主要需考虑元器件的布置安装、导线线径与颜色的选择、接线端子的选择与制作、线号标识的制作与排列，最终实现元器件布局间距合理、安装稳固可靠，布线整齐有序、松紧适宜，接线规范牢固、标识清晰明确。

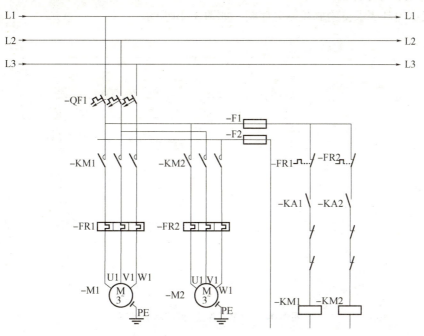

图 3-12　皮带顺序启/停主电路示意

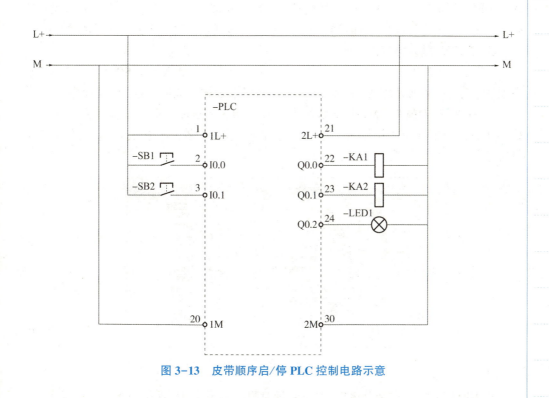

图 3-13　皮带顺序启/停 PLC 控制电路示意

（四）编写 PLC 控制系统程序

1. 任务时序分析

根据控制要求，绘制控制时序图，如图 3-14 所示。

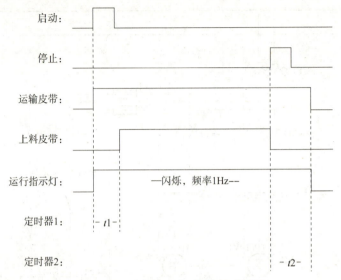

图 3-14　皮带顺序启/停控制时序图

从图 3-14 可知，按下启动按钮时，运输皮带立刻启动，上料皮带经 5 s 延时后启动，需要使用定时器 1。按下停止按钮时，上料皮带立刻停止，运输皮带经 10 s 延时后停止，需要使用定时器 2。定时器 1 采用接通延时方式，定时器 2 采用断开延时方式。

2. 皮带顺序启/停程序

打开 STEP 7 SIMATIC Manager 软件，新建一个项目，插入一个 SIMATIC 300 站点，在硬件组态中加入所使用的 CPU，根据需要修改输入/输出地址，然后编译保存。

在 STEP 7 SIMATIC Manager 软件中双击“OB1”图标，进入编程界面。在“选项”下拉菜单中选择“符号表”选项，进入符号表编辑器。根据输入/输出分配表编辑符号表并保存，如图 3-15 所示。

S7 程序(1) (符号) -- PROJECT_3\SIMATIC 300(1)...

	状态	符号	地址		数据类	注释
1		停止按钮	I	0.0	BOOL	
2		启动按钮	I	0.1	BOOL	
3		启停标志	M	0.0	BOOL	
4		延时停止标志	M	0.1	BOOL	
5		运输皮带运行继电器	Q	0.0	BOOL	
6		上料皮带运行继电器	Q	0.1	BOOL	
7		指示灯	Q	0.2	BOOL	
8		启动延时定时器	T	0	TIMER	
9		停止延时定时器	T	1	TIMER	
10		闪烁亮定时器	T	2	TIMER	
11		闪烁灭定时器	T	3	TIMER	
12						

图 3-15　皮带顺序启/停控制程序符号表

根据时序分析，皮带顺序启/停控制延时程序如图 3-16 所示。

程序段1：启停延时

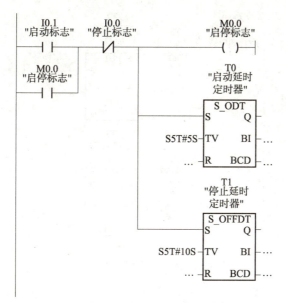

图3-16　皮带顺序启/停控制延时程序

上料皮带和运输皮带的控制程序如图3-17所示。

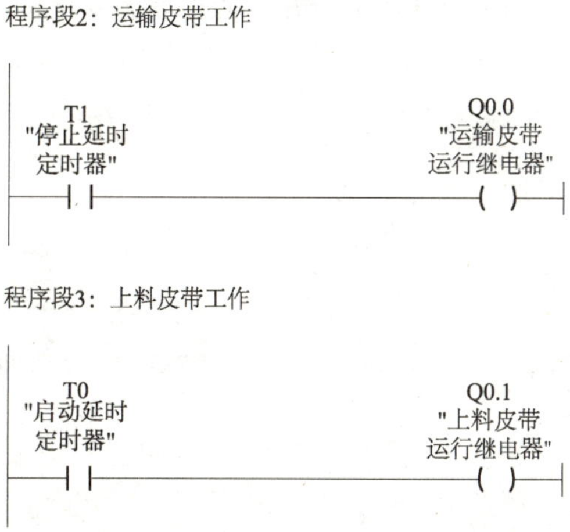

程序段2：运输皮带工作

```
   T1                              Q0.0
"停止延时                         "运输皮带
 定时器"                         运行继电器"
   ├┤                              ( )
```

程序段3：上料皮带工作

```
   T0                              Q0.1
"启动延时                         "上料皮带
 定时器"                         运行继电器"
   ├┤                              ( )
```

图3-17　上料皮带和运输皮带的控制程序

在编写皮带顺序启/停控制程序时，使用了 M0.0 作为启/停的状态标志，M0.0 和启动按钮 I0.1、停止按钮 I0.0 组成一个自锁回路，为接通延时和断开延时提供了触发的基准，使程序结构清晰简洁，有利于程序的阅读和维护。

3. 皮带运行指示灯闪烁程序

由图 3-14 可知，运行指示灯的工作区间与运输皮带相同，因此可以用运输皮带运行继电器作为指示灯的运行条件。为了使指示灯以 1 Hz 的频率闪烁，需要产生 1 Hz 的脉冲序列。脉冲定时器可用于产生脉冲输出，把两个脉冲定时器采用常闭触点互锁的方式连接起来，就可以实现连续的脉冲序列输出。具体程序如图 3-18 所示。

项目3　应用定时器指令实现顺序和间歇控制　53

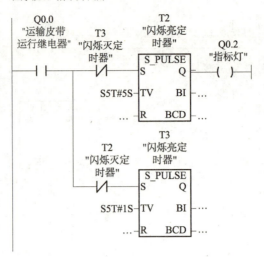

图 3-18 皮带运行指示灯闪烁程序

（五）PLC 控制系统程序仿真运行

打开 S7-PLCSIM，把系统数据和程序块 OB1 下载到 S7-PLCSIM。在 S7-PLCSIM 中选择"RUN"命令，在程序编辑窗口打开"监视开关"。在 S7-PLCSIM 中操作启动按钮和停止按钮，观察定时器和相应的输出点的状态变化是否和预期相同。

在 STEP 7 SIMATIC Manager 软件中插入一个变量表，如图 3-19 所示。

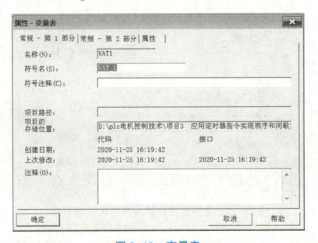

图 3-19 变量表

单击变量表图标打开变量表，或者在程序编辑窗口中的"PLC"下拉菜单中选择"监视"→"修改变量"命令，也可以直接打开变量表。在变量表的地址栏中输入要监视的地址 T0、T1、Q0.0、Q0.1，打开"监视开关"，即可看到这些地址的实时状态，如图 3-20～图 3-22 所示。为了对比观察定时器的当前时间值，可设置定时器 T0 显示格式为 SIMATIC_TIME，设置定时器 T1 显示格式为 HEX。

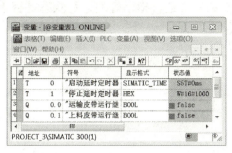
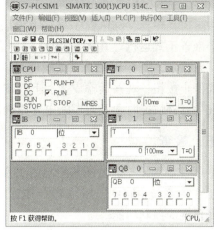

图 3-20 皮带顺序启/停控制变量监视：未启动

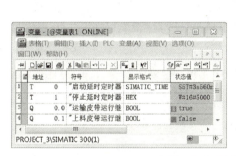
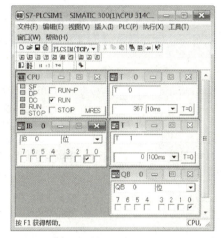

图 3-21 皮带顺序启/停控制变量监视：启动延时

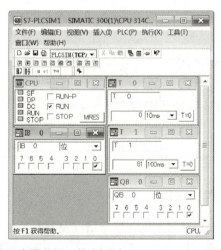

图 3-22 皮带顺序启/停控制变量监视：停止延时

(六) 下载 PLC 控制系统程序并运行

通过仿真检查、确认程序编写无误后，连接编程计算机和 PLC，把程序下载到 PLC 中准备正式运行。在运行 PLC 控制系统程序前，要确认所有电路已正确连接，电源状态正常，所有开关处于正确位置。运行 PLC 控制系统程序时，分别按下启动按钮和停止按钮，观察运输皮带、上料皮带和皮带运行指示灯的运行状态是否正确。设备发生意外情况时要及时切断电源以确保安全。

五、检查

本项目主要任务是：根据控制需求及给定的元器件，编写输入/输出分配表，绘制 PLC 控制系统电路图，连接 PLC 控制系统电路，编写调试 PLC 控制系统程序，最终实现预期的控制功能。

根据本项目的具体内容，设置检查评分表（见表 3-4），在实施过程和终结时进行必要的检查并填写检查评分表。

表 3-4　皮带顺序启/停及运行指示灯控制项目检查评分表

项目	分值	评分标准	检查情况	得分
编制输入/输出分配表	10 分	1. 所有输入地址编排合理，节约硬件资源，元件符号与元件作用说明完整，得 5 分； 2. 所有输出地址编排合理，节约硬件资源，元件符号与元件作用说明完整，得 5 分		
绘制 PLC 控制系统电路图	10 分	1. 电路图元件齐全，标注正确，得 5 分； 2. 电路功能完整，布局合理，得 5 分		
连接 PLC 控制系统电路	10	1. 安全违章，扣 10 分； 2. 安装不达标，每项扣 2 分		
编写 PLC 控制系统程序	50 分	1. 功能正确，程序段合理，得 30 分； 2. 符号表正确完整，得 10 分； 3. 绝对地址、符号地址显示正确，程序段注释合理，得 10 分		
PLC 控制系统程序仿真运行	10 分	1. S7-PLCSIM 打开正确，下载正常，得 5 分； 2. 仿真操作正确，能正确仿真运行程序，得 5 分		
下载 PLC 控制系统程序并运行	10 分	1. 程序下载正确，PLC 指示灯正常，得 5 分； 2. 程序运行操作正确，能实现预定功能，得 5 分		
合计	100 分			

六、评价

根据项目实施、检查情况及答复项目甲方质询情况，填写评价表。评价分为自评和他评（见表 3-5 和表 3-6），主要内容应包括实施过程简要描述、检查情况描述、存在的主要问题、解决方案等。

表 3-5　皮带顺序启/停及运行指示灯控制项目自评表

签名：
日期：

表 3-6　皮带顺序启/停及运行指示灯控制项目他评表

签名：
日期：

实践练习

一、资讯（项目需求）

在 A 工厂新建的生产系统中，有一台设备 B 由主装置和辅助装置组成，辅助装置包括预热装置和润滑装置，主装置启动前必须提前 30 s 启动预热装置和润滑装置。预热装置运行 1 min 就自动停止，润滑装置必须在主装置停止后继续运行 30 s。主装置由一台三相异步电动机驱动，采用星-三角启动，切换时间为 10 s。设备采用 S7-300 PLC 进行控制，相关元器件已准备好，包括交/直流电源、断路器、熔断器、接触器、热继电器、中间继电器、指示灯、按钮、PLC 等元器件，请根据控制要求完成以下任务：

（1）确定输入/输出分配表；
（2）完成 PLC 控制系统电路图；
（3）完成 PLC 控制系统电路连接；
（4）完成 PLC 控制系统程序编写；
（5）完成 PLC 控制系统程序仿真运行；
（6）完成 PLC 控制系统程序下载并运行。

二、计划

A 工厂设备 BPLC 控制项目工作计划见表 3-7。

表 3-7　A 工厂设备 BPLC 控制项目工作计划

序号	项目	内容	时间	人员
1				
2				
3				
4				
5				
6				

三、决策

A 工厂设备 BPLC 控制项目决策表见表 3-8。根据任务要求和资源、人员的实际配置情况，按照工作计划，采取项目小组的方式开展工作，小组内实行分工合作，每位成员都要完成全部任务并提交项目评价表。

表 3-8　A 工厂设备 BPLC 控制项目决策表

签名：
日期：

四、实施

（一）输入/输出分配表（见表 3-9）

表 3-9　输入/输出分配表

输入			输出		
地址	元件符号	元件名称	地址	元件符号	元件名称

（二）PLC 控制系统电路图

（三）PLC 控制系统程序

A 工厂设备 BPLC 控制项目实施记录表见表 3-10。

表 3-10　A 工厂设备 BPLC 控制项目实施记录表

签名：
日期：

五、检查

A 工厂设备 BPLC 控制项目检查评分表见表 3-11。

表 3-11　A 工厂设备 BPLC 控制项目检查评分表

项目	分值	评分标准	检查情况	得分
编制输入/输出分配表	10 分	1. 所有输入地址编排合理，节约硬件资源，元件符号与元件作用说明完整，得 5 分； 2. 所有输出地址编排合理，节约硬件资源，元件符号与元件作用说明完整，得 5 分		

续表

项目	分值	评分标准	检查情况	得分
绘制 PLC 控制系统电路图	10 分	1. 电路图元件齐全，标注正确，得 5 分； 2. 电路功能完整，布局合理，得 5 分		
连接 PLC 控制系统电路	10 分	1. 安全违章，扣 10 分； 2. 安装不达标，每项扣 2 分		
编写 PLC 控制系统程序	50 分	1. 功能正确，程序段合理，得 30 分； 2. 符号表正确完整，得 10 分； 3. 绝对地址、符号地址显示正确，程序段注释合理，得 10 分		
PLC 控制系统程序仿真运行	10 分	1. S7-PLCSIM 打开正确，下载正常，得 5 分； 2. 仿真操作正确，能正确仿真运行程序，得 5 分		
下载 PLC 控制系统程序并运行	10 分	1. 程序下载正确，PLC 指示灯正常，得 5 分； 2. 程序运行操作正确，能实现预定功能，得 5 分		
合计	100 分			

六、评价

A 工厂设备 BPLC 控制项目自评表和他评表见表 3-12 和表 3-13。

表 3-12　A 工厂设备 BPLC 控制项目自评表

签名： 日期：

表 3-13　A 工厂设备 BPLC 控制项目他评表

签名： 日期：

扩展提升

某地下车库的通风装置包括 3 台风机，采用 12-23-31 的方式分组两两轮流运行。风机由管理员启动，启动后自动运行 3 h 后停止，管理员可以随时手动停止，但再启动间隔必须在 10 min 以上。每组风机运行 1 h 后自动切换，风机系统由 S7-300 PLC 进行控制，通过指示灯指示电动机运行状态。交/直流电源、断路器、熔断器、接触器、热继电器、中间继电器、指示灯、按钮、PLC 等元器件已准备好，请根据控制要求完成以下任务：

（1）确定输入/输出分配表；
（2）完成 PLC 控制系统电路图；
（3）完成 PLC 控制系统电路连接；
（4）完成 PLC 控制系统程序编写；
（5）完成 PLC 控制系统程序仿真运行；
（6）完成 PLC 控制系统程序下载并运行。

项目 4　应用计数器指令实现产品定量包装控制

在实际应用中，很多时候需要进行计数，但在传统的继电器控制系统中不太容易实现。PLC 具有强大的计算能力，可以方便地实现多种计数器功能。PLC 计数器既可以对外部信号进行计数，也可以对 PLC 本身产生的信号计数。对外部信号计数时需要适当的外部设备配合以获取所需的信号。计数的本质是根据计数信号进行加 1 或者减 1 的算术操作。当计数值达到某一预设值时，计数器的位逻辑状态发生翻转。S7-300PLC 的计数器的计数值大于 0 时输出一个逻辑"1"信号，等于 0 时输出一个逻辑"0"信号。

一、资讯

（一）项目需求

在 A 工厂新建的生产系统中，用两条皮带运送产品。在皮带 1 和皮带 2 之间有一个缓存区，可缓存 10 件产品。皮带 2 的末端是产品包装装置，每 25 件产品为一个包装单位。皮带 1 把产品从加工位运到缓存区，当缓存区存满 10 件产品时皮带 1 停止运行。皮带 2 把产品从缓存区运到包装工位，每运送 25 件产品就暂停 5 s 等待产品包装装置完成产品包装，5 s 后皮带 2 继续运行。皮带 2 运送完成 10 次包装量的产品后全线停止。系统设有启动按钮和急停按钮，按下启动按钮皮带启动；按下急停按钮皮带停止，同时所有计数器清零。该皮带运送系统采用 S7-300 PLC 进行控制，相关元器件已准备好，请根据控制要求完成以下任务：

(1) 确定输入/输出分配表；
(2) 完成 PLC 控制系统电路图；
(3) 完成 PLC 控制系统电路连接；
(4) 完成 PLC 控制系统程序编写；
(5) 完成 PLC 控制系统程序仿真运行；
(6) 完成 PLC 控制系统程序下载并运行。

（二）S7-300 PLC 的计数器

S7-300 PLC 的计数器有 3 种类型，分别是双向计数器、加计数器和减计数器。

在使用计数器时首先要根据用途确定合适的计数器类型，然后指定所选计数器的编号，最后设置计数预设值及相关触发信号。CPU 型号不同，所包含的计数器数量也不同。

S7-300 PLC 中一个计数器单元占用 16 位的存储空间存放计数值，其赋值范围为 0~999，采用 BCD 码格式存放计数数据。S7-300 PLC 的计数器预设值可直接采用形如"C#xyz"的 BCD 码格式进行赋值。其中，"C#"表示计数器常数，直接以十进制形式输入，但在 PLC 内部以 BCD 码形式表示；"xyz"分别表示个、十、百位上的十进制数，最大不超过 999。除了直接对计数器进行赋值外，也可以通过字存储空间把不超过 999 的整数以 BCD 码的形式赋值给计数器。

S7-300 PLC 计数器的值在 0~999 范围内。当减计数器的值为 0 时，即使再有计数信号输入，减计数器的值也不会变化，保持为 0。当加计数器的值为 999 时，即使再有计数信号输入，加计数器的值也不会变化，保持为 999。只要计数器的值不为 0，计数器的逻辑状态就为"1"。因此相对来说，减计数器的使用比加计数器方便一些。使用加计数器时，通常需要对计数值进行比较以确认计数是否达到预设值。

计数器单元的位组态格式如图 4-1 所示。

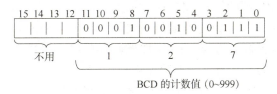

图 4-1 计数器单元的位组态格式

使用计数器时需要根据需要设置相应的参数，S7-300PLC 的计数器参数见表 4-1。

表 4-1 S7-300PLC 的计数器参数

参数名称	数据类型	存储区	描述
no.	COUNTER	C	计数器编号，范围取决于 CPU 型号
CU	BOOL	I，Q，M，D，L	加计数输入
CD	BOOL	I，Q，M，D，L	减计数输入
S	BOOL	I，Q，M，D，L	预设计数值设置输入
PV	WORD	I，Q，M，D，L 或常数	预设计数值，BCD 码格式，范围为 0~999
R	BOOL	I，Q，M，D，L，T，C	复位输入
Q	BOOL	I，Q，M，D，L	计数器状态
CV	WORD	I，Q，M，D，L	当前计数值（值为整数格式）
CV_BCD	WORD	I，Q，M，D，L	当前计数值（值为 BCD 码格式）

1. 双向计数器（S_CUD）

（1）符号。双向计数器的符号如图 4-2 所示。

（2）功能描述。当双向计数器 S 端的输入信号产生一个上升沿时，该计数器被预置为初始值 PV，如果 R 端的输入信号为"1"，则计数器复位，并将计数值设置为

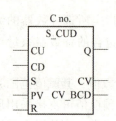

图 4-2 双向计数器的符号

0。双向计数器具有 R 优先特性，当 R 端的输入信号为"1"时，即使 S 端的输入信号产生一个上升沿，也不会装载初始值 PV 到计数器。在双向计数器运行时，S 端的信号状态无须保持为"1"。

如果 CU 输入端的信号从"0"变为"1"产生一个上升沿，并且双向计数器的计数值小于 999，则双向计数器的计数值加 1。如果 CD 输入端的信号从"0"变为"1"产生一个上升沿，并且双向计数器的计数值大于 0，则双向计数器的值减 1。如果两个计数输入都有上升沿，则执行两个指令，但计数值保持不变。

如果在双向计数器 S 端的输入信号产生一个上升沿之前，CU 或者 CD 输入端的逻辑运算结果为"1"，则当 S 端的输入信号产生一个上升沿后，双向计数器会在下一个扫描周期进行一次加 1 或减 1 的计数。

如果双向计数器的计数值等于 0，则 Q 端的信号状态为"0"；如果双向计数器的计数值大于 0，则 Q 端的信号状态为"1"。

2. 加计数器（S_CU）

（1）符号。加计数器的符号如图 4-3 所示。

（2）功能描述。当加计数器 S 端的输入信号产生一个上升沿时，该计数器被预置为初始值 PV；如果 R 端的输入信号为"1"，则该计数器复位，并将计数值设置为 0。加计数器具有 R 优先特性，当 R 端的输入信号为"1"时，即使 S 端的输入信号产生一个上升沿，也不会装载初始值 PV 到计数器。在加计数器运行时，S 端的信号状态无须保持为"1"。

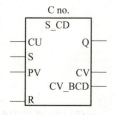

图 4-3 加计数器的符号

如果 CU 输入端的信号从"0"变为"1"产生一个上升沿，并且加计数器的计数值小于 999，则加计数器的计数值加 1。

如果在加计数器 S 端的输入信号产生一个上升沿之前，CU 输入端的逻辑运算结果为"1"，则当 S 端的输入信号产生一个上升沿后，加计数器会在下一个扫描周期进行一次加 1 计数。

如果加计数器的计数值等于 0，则 Q 端的信号状态为"0"；加计数器的计数值大于 0，则 Q 端的信号状态为"1"。

3. 减计数器（S_CD）

（1）符号。减计数器的符号如图 4-4 所示。

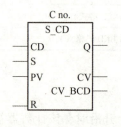

图 4-4 减计数器的符号

（2）功能描述。当减计数器 S 端的输入信号产生一个上升沿时，该计数器被预置为初始值 PV；如果 R 端的输入信号为"1"，则该计数器复位，并将计数值设置为 0。减计数器具有 R 优先特性，当 R 端的输入信号为"1"时，即使 S 端的输入信号产生一个上升沿，也不会装载设初始值 PV 到计数器。在减计数器运行时，S 端的信号状态无须保持为"1"。

如果 CD 输入端的信号从"0"变为"1"产生一个上升

沿，并且减计数器的计数值大于 0，则减计数器的计数值减 1。

如果在减计数器 S 端的输入信号产生一个上升沿之前，CD 输入端的逻辑运算结果为"1"，则当 S 端的输入信号产生一个上升沿后，减计数器会在下一个扫描周期进行一次减 1 计数。

如果减计数器的计数值等于 0，则 Q 端的信号状态为"0"；如果减计数器的计数值大于 0，则 Q 端的信号状态为"1"。

（三）相关专业术语

（1）Counter：计数器；

（2）Instruction：指令；

（3）S_CUD：Up-Down Counter，双向计数器；

（4）S_CU：Up Counter，加计数器；

（5）S_CD：Down Counter，减计数器；

（6）Range：区间，范围；

（7）Scan Cycle：扫描周期；

（8）Signal State：信号状态。

二、计划

根据项目需求，编制输入/输出分配表，绘制 PLC 控制系统电路图，按工艺要求编写两条皮带的控制程序并进行仿真调试，完成电路连接，下载程序到 PLC 并运行，实现所要求的控制功能。

按照通常的 PLC 控制系统程序编写及硬件装调工作流程制定计划，见表 4-2。

表 4-2 应用计数器指令实现产品定量包装控制工作计划

序号	项目	内容	时间/min	人员
1	编制输入/输出分配表	确定所需要的输入/输出点数并分配具体用途，编制输入/输出分配表（需提交）	5	全体人员
2	绘制 PLC 控制系统电路图	根据输入/输出分配表绘制 PLC 控制系统电路图	15	全体人员
3	连接 PLC 控制系统电路	根据电路图完成电路连接	20	全体人员
4	编写 PLC 控制系统程序	根据控制要求编写 PLC 控制系统程序	25	全体人员
5	PLC 控制系统程序仿真运行	使用 S7-PLCSIM 仿真运行 PLC 控制系统程序	10	全体人员
6	下载 PLC 控制系统程序并运行	把 PLC 控制系统程序下载到 PLC，实现所要求的控制功能	5	全体人员

三、决策

按照工作计划表，项目小组全体成员共同确定输入/输出分配表，然后分两个小组分别实施系统程序编写及硬件装调全部工作，合作完成任务并提交项目评价表。

四、实施

项目的实施必须在保证安全的前提下进行,应提前建立并熟悉项目检查事项及评价要素,在实施过程中予以充分重视,以确保项目顺利进行。

(一)编制输入/输出分配表

根据控制要求,需要设置的输入元件包括一个启动按钮、一个急停按钮、缓存区入口光电传感器1、产品缓存区出口光电传感器2、包装工位入口光电传感器3,输出元件设置两个控制继电器,分别是皮带1运行继电器和皮带2运行继电器。各元件的输入/输出分配表见表4-3。

表4-3 输入/输出分配表

输入			输出		
地址	元件符号	元件名称	地址	元件符号	元件名称
I0.0	SB1	急停按钮	Q0.0	KA1	皮带1运行继电器
I0.1	SB2	启动按钮	Q0.1	KA2	皮带2运行继电器
I0.2	SP1	光电传感器1	—	—	—
I0.3	SP2	光电传感器2	—	—	—
I0.4	SP3	光电传感器3	—	—	—

(二)绘制 PLC 控制系统电路图

根据控制需求,绘制 PLC 控制系统电路图,如图4-5和图4-6所示。图中包括交/直流电源、断路器、熔断器、接触器、热继电器、中间继电器、指示灯、按钮和 PLC 等元器件。

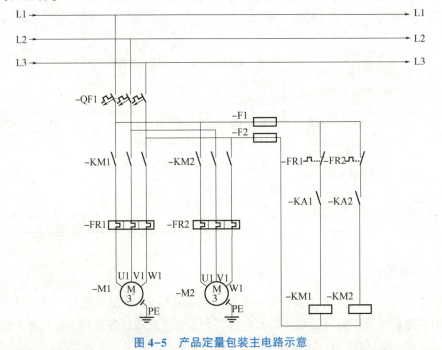

图4-5 产品定量包装主电路示意

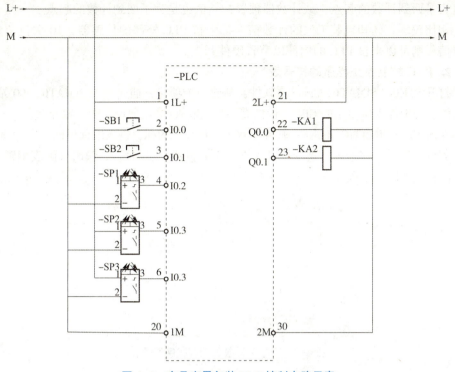

图 4-6 产品定量包装 PLC 控制电路示意

（三）连接 PLC 控制系统电路

按工艺规范完成 PLC 控制系统电路的连接。PLC 控制系统电路的连接主要考虑元器件的布置安装、导线线径与颜色的选择、接线端子的选择与制作、线号标识的制作与排列，最终实现元器件布局间距合理、安装稳固可靠、布线整齐有序、松紧适宜，接线规范牢固、标识清晰明确。

（四）编写 PLC 控制系统程序

1. 任务分析

根据控制要求，可知控制的对象是皮带电动机，主要是根据缓存区和包装工位的计数器进行控制。其中，皮带 1 的运行主要涉及缓存区是否存满 10 件产品；皮带 2 的运行主要涉及是否运送了 25 件产品到包装工位。此外，皮带 2 是否运送完成 10 次包装量的产品也是影响皮带 1 和皮带 2 运行的一个因素。

由于缓存区有入口和出口，而 PLC 控制系统关注的是缓存区的产品数量，因此采用双向计数器。为了方便编程，设置缓存区入口的光电传感器 1 为双向计数器的减计数输入，缓存区出口的光电传感器 2 为双向计数器的加计数输入，并在开始工作时，设置计数器初始计数值为 10。

包装工位是每进 25 个产品就进行一次包装，相当于每计数到 25 就进行一次清零，因此可采用加计数器或减计数器。相对于加计数器，采用减计数器更为方便，只需要把清零改为预置初始值 25，因为加计数器从 0 加到 25 的过程对应减计数器从 25 减到 0 的过程，或者说 0 是加计数器的起点，而 25 是减计数器的起点。加计数器清零是为了回到计数的起点，减计数器预置初始值也是为了回到计数的起点。

相比较缓存区和包装工位的计数信号都来自 PLC 外部的传感器，10 次包装量的计数信号则可以来自 PLC 的内部以节省硬件开支。

2. PLC 控制系统程序的符号表

打开 STEP 7 SIMATIC Manager 软件，新建一个项目，插入一个 SIMATIC 300 站点，在硬件组态中加入所使用的 CPU，根据需要修改输入/输出地址，然后编译保存。

在 STEP 7 SIMATIC Manager 软件中双击"OB1"图标，进入编程界面。在"选项"下拉菜单中选择"符号表"选项，进入符号表编辑器。根据输入/输出分配表编辑符号表并保存，如图 4-7 所示。

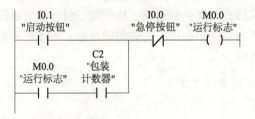

图 4-7　产品定量包装控制程序符号表

3. 缓存区产品计数器控制程序

缓存区产品计数器控制程序如图 4-8 所示。为了方便程序设计，用启动/急停

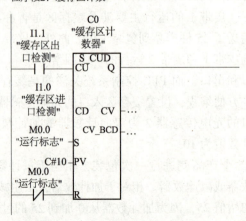

图 4-8　缓存区产品计数器控制程序

按钮来控制运行标志 M0.0，其常开触点作为缓存区计数器的 S 端输入，常闭触点作为计数器的 R 端输入。缓存区产品计数器编号为 C0，其加计数输入为缓存区出口检测传感器 I1.1，减计数输入为缓存区入口检测传感器 I1.0，计数预置初始值为 10。当按下启动按钮时，M0.0 常开触点闭合，把计数预置初始值 10 装载到计数器。如果缓存区进口处有产品进入，则计数值减 1，如果缓存区出口处有产品离开，则计数值加 1。

4. 包装工位产品计数器控制程序

包装工位产品计数采用减计数器，编号为 C1。由于每运送 25 件产品之后需要重新计数，所以在 S 端引入可以表示包装操作的包装定时信号。计数器的计数输入信号来自包装工位进口检测传感器，如图 4-9 所示。

5. 包装次数计数器控制程序

由于包装定时器 T0 输出为 "1" 时产品包装装置工作，所以包装次数计数器 C2 以包装定时器的信号作为计数输入信号。包装次数计数器 C2 采用减计数器，在每次启动时进行初始值预置，如图 4-10 所示。

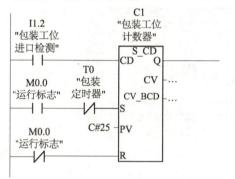

图 4-9　包装工位产品计数器控制程序

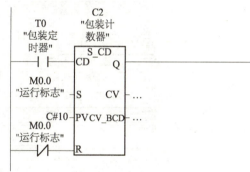

图 4-10　包装次数计数器控制程序

6. 皮带控制程序

根据控制要求，皮带控制程序如图 4-11 所示。

皮带 1 的工作条件：系统启动运行 & 包装计数未满 10 次 & 缓存区未满 10 件产品。

皮带 2 的工作条件：系统启动运行 & 包装计数未满 10 次 & 包装工位产品未满 25 件；包装工位满 25 件产品时进行包装定时，定时到则预置包装工位计数器，皮带 2 重新启动。

（五）PLC 控制系统程序仿真运行

打开 S7-PLCSIM，把系统数据和程序块 OB1 下载到 S7-PLCSIM。在 S7-PLCSIM 中选择 "RUN" 命令，在程序编辑窗口打开 "监视开关"。

在 S7-PLCSIM 中操作启动按钮和停止按钮，观察运行标志 M0.0 状态变化是否和预期相同。分别多次单击 I0.0、I0.1、I0.2，模拟缓存区和包装工位产品数量的变化，观察 C0、C1、C2 及 Q0.0、Q0.1 的变化，应符合控制要求。产品定量包装控制程序仿真如图 4-12 所示。

程序段5：皮带运行

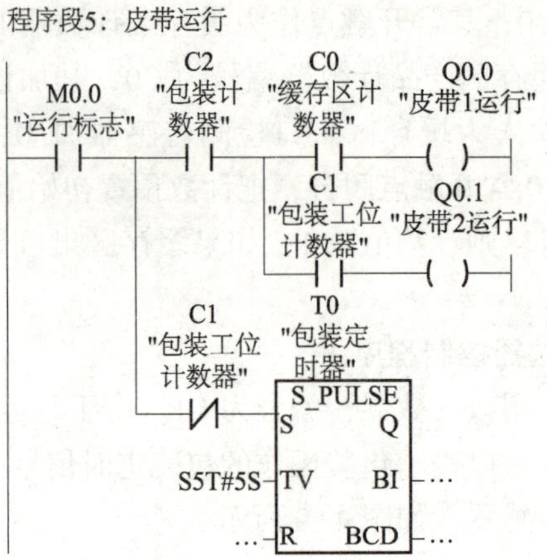

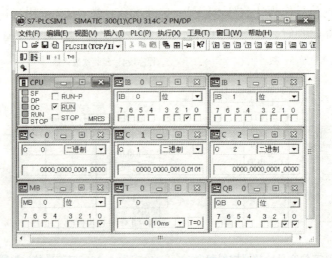

图 4-11　皮带控制程序

图 4-12　产品定量包装控制程序仿真

（六）下载 PLC 控制系统程序并运行

通过仿真检查、确认程序编写无误后，连接编程计算机和 PLC，把程序下载到 PLC 中。在运行 PLC 控制系统程序前，要确认所有电路已正确连接，电源状态正常，所有开关处于正确位置。运行 PLC 控制系统程序时，分别按下启动按钮和停止按钮，观察皮带1、皮带2和皮带运行指示灯的运行状态是否正确。设备发生意外情况时要及时切断电源以确保安全。

五、检查

本项目的主要任务是：根据控制需求及给定的元器件，编写输入/输出分配表，绘制 PLC 控制系统电路图，连接 PLC 控制系统电路，编写调试 PLC 控制系统程序，最终实现预期的控制功能。

根据本项目的具体内容，设置表 4-4 所示的检查评分表，在实施过程和终结时进行必要的检查并填写检查评分表。

表 4-4　产品定量包装控制程序项目检查评分表

项目	分值	评分标准	检查情况	得分
编制输入/输出分配表	10 分	1. 所有输入地址编排合理，节约硬件资源，元件符号与元件作用说明完整，得 5 分； 2. 所有输出地址编排合理，节约硬件资源，元件符号与元件作用说明完整，得 5 分		
绘制 PLC 控制系统电路图	10 分	1. 电路图元件齐全，标注正确，得 5 分； 2. 电路功能完整，布局合理，得 5 分		
连接 PLC 控制系统电路	10 分	1. 安全违章，扣 10 分； 2. 安装不达标，每项扣 2 分		
编写 PLC 控制系统程序	50 分	1. 功能正确，程序段合理，得 30 分； 2. 符号表正确完整，得 10 分； 3. 绝对地址、符号地址显示正确，程序段注释合理，得 10 分		
PLC 控制系统程序仿真运行	10 分	1. S7-PLCSIM 打开正确，下载正常，得 5 分； 2. 仿真操作正确，能正确仿真运行程序，得 5 分		
下载 PLC 程序运行	10 分	1. 程序下载正确，PLC 指示灯正常，得 5 分； 2. 程序运行操作正确，能实现预定功能，得 5 分		
合计	100 分			

六、评价

根据项目实施、检查情况及答复项目甲方质询情况，填写评价表。评价分为自评和他评，见表 4-5 和表 4-6。评价的主要内容应包括实施过程简要描述、检查情况描述、存在的主要问题和解决方案等。

表 4-5　产品定量包装控制程序项目自评表

签名：
日期：

表4-6　产品定量包装控制程序项目他评表

签名： 日期：

实践练习

一、资讯（项目需求）

在 A 工厂新建的生产系统中，有一台设备有 10 个加工工位，由传送小车传送工件。小车正向运行把工件依次传送到各工位加工，然后反向运行取回工件，每次在每个工位停留 5 s。按下启动按钮小车开始工作，按下停止按钮小车立刻停止。设备采用 S7-300 PLC 进行控制，交/直流电源、断路器、熔断器、接触器、热继电器、中间继电器、指示灯、按钮、PLC 等元器件已准备好，请根据控制要求完成以下任务：

（1）确定输入/输出分配表；
（2）完成 PLC 控制系统电路图；
（3）完成 PLC 控制系统电路连接；
（4）完成 PLC 控制系统程序编写；
（5）完成 PLC 控制系统程序仿真运行；
（6）完成 PLC 控制系统程序下载并运行。

二、计划

A 工厂的 10 个工位由传送小车传送工件的 PLC 控制项目工作计划见表 4-7。

表 4-7　A 工厂的 10 个工位由传送小车传送工件的 PLC 控制项目工作计划

序号	项目	内容	时间	人员
1				
2				
3				
4				
5				
6				

三、决策

A 工厂的 10 个加工工位由传送小车传送工件的 PLC 控制项目决策表见表 4-8。

根据任务要求和资源、人员的实际配置情况，按照工作计划，采取项目小组的方式开展工作，小组内实行分工合作，每位成员都要完成全部任务并提交任务评价表。

表 4-8　A 工厂的 10 个加工工位由传送小车传送工件的 PLC 控制项目决策表

签名： 日期：

四、实施

（一）输入/输出分配表（见表 4-9）

表 4-9　输入/输出分配表

输入			输出		
地址	元件符号	元件名称	地址	元件符号	元件名称

（二）PLC 控制系统电路图

（三）PLC 控制程序

A 工厂的 10 个加工工位由传送小车传送工件的 PLC 控制项目实施记录表见表 4-10。

表 4-10　A 工厂的 10 个加工工位由传送小车传送工件的 PLC 控制项目实施记录表

签名：
日期：

五、检查

A 工厂的 10 个加工工位由传送小车传送工件的 PLC 控制项目检查评分表见表 4-11。

表 4-11　A 工厂的 10 个加工工位由传送小车传送工件的 PLC 控制项目检查评分表

项目	分值	评分标准	检查情况	得分
编制输入/输出分配表	10 分	1. 所有输入地址编排合理，节约硬件资源，元件符号与元件作用说明完整，得 5 分； 2. 所有输出地址编排合理，节约硬件资源，元件符号与元件作用说明完整，得 5 分		
绘制 PLC 控制系统电路图	10 分	1. 电路图元件齐全，标注正确，得 5 分； 2. 电路功能完整，布局合理，得 5 分		
连接 PLC 控制系统电路	10 分	1. 安全违章，扣 10 分； 2. 安装不达标，每项扣 2 分		

续表

项目	分值	评分标准	检查情况	得分
编写 PLC 控制系统程序	50 分	1. 功能正确，程序段合理，得 30 分； 2. 符号表正确完整，得 10 分； 3. 绝对地址、符号地址显示正确，程序段注释合理，得 10 分		
PLC 控制系统程序仿真运行	10 分	1. S7-PLCSIM 打开正确，下载正常，得 5 分； 2. 仿真操作正确，能正确仿真运行程序，得 5 分		
下载 PLC 控制系统程序并运行	10 分	1. 程序下载正确，PLC 指示灯正常，得 5 分； 2. 程序运行操作正确，能实现预定功能，得 5 分		
合计	100 分			

六、评价

评价分自评和他评，见表 4-12 和表 4-13。

表 4-12　A 工厂的 10 个加工工位由传送小车传送工件的 PLC 控制项目自评表

签名：
日期：

表 4-13　A 工厂的 10 个加工工位由传送小车传送工件的 PLC 控制项目他评表

签名：
日期：

扩展提升

某推料装置有两个推料气缸，要求两个推料气缸轮流工作，每个气缸每次连续推料5件,两个气缸共推料100件后停止工作并回到气缸末端,同时指示灯以1 Hz的频率闪烁。该系统由S7-300 PLC进行控制,交/直流电源、断路器、熔断器、接触器、热继电器、中间继电器、指示灯、按钮、PLC等元器件已准备好,请根据控制要求完成以下任务:

(1) 确定输入/输出分配表;
(2) 完成PLC控制系统电路图;
(3) 完成PLC控制系统电路连接;
(4) 完成PLC控制系统程序编写;
(5) 完成PLC控制系统程序仿真运行;
(6) 完成PLC控制系统程序下载并运行。

项目5　应用数据传送等指令实现数码显示控制

背景描述

在实际应用中进行计数的时候往往需要进行数码显示，以直观显示生产系统的运行状态。PLC不但可以方便地实现多种计数功能，还可以根据需要进行数码显示。虽然可以用专用的数码显示驱动电路实现数码显示功能，但有时候也可以由PLC直接驱动数码管进行数码显示。PLC驱动数码管进行数码显示时，通常需要以字节、字或双字为单位对数据进行操作，这跟位逻辑指令有很大不同；同时也可以认为扩展了数据在控制中的含义，将逻辑上的"0/1"状态和数值的大小建立起某种联系。

示范实例

一、资讯

（一）项目需求

在A工厂新建的生产系统中，需要实时显示生产线上进入包装工位的工件个数，当工件个数达到25个时传送带停止5 s，然后计数值清零，从0开始重新显示计数值。数码管为共阴极显示，由PLC直接驱动。该系统采用S7-300 PLC进行控制，相关元器件已准备好，请根据控制要求完成以下任务：

（1）确定输入/输出分配表；
（2）完成PLC控制系统电路图；
（3）完成PLC控制系统电路连接；
（4）完成PLC控制系统程序编写；
（5）完成PLC控制系统程序仿真运行；
（6）完成PLC控制系统程序下载并运行。

（二）S7-300 PLC的基本数据类型

除了基本的位逻辑指令，S7-300 PLC中还有一些面向字节、字及双字的指令，主要包括传送、比较、转换、移位循环和字逻辑等指令。这些指令充分发挥了PLC的算术和逻辑计算能力，扩展了控制的范围和功能。

在S7-300 PLC中，根据数据单元的长度、存储格式及表示范围的不同，可定义不同的数据类型。其中，数据长度为1 bit的有BOOL，数据长度为8 bit的有BYTE和

CHAR，数据长度为 16 bit 的有 WORD、INT、DATE、S5TIME，数据长度为 32 bit 的有 DWORD、DINT、REAL、TIME、TOD。

各基本数据类型的长度、格式及表示范围见表 5-1。

表 5-1　S7-300 PLC 的基本数据类型

数据类型	数据长度/bit	表示范围
BOOL	1	TRUE：1 FALSE：0
BYTE	8	十六进制：B#16#0 ~ B#16#FF 二进制：2#00000000 ~ 2#11111111
CHAR	8	ASCII 字符，例如：'a'
WORD	16	二进制：2#0 ~ 2#1111111111111111 十六进制：W#16#0 ~ W#16#FFFF 无符号字节：B#（0，0）~ B#（255，255）
INT	16	有符号整数：-32 768 ~ +32 767
DATE	16	年-月-日：D#1990-01-01 ~ D#2168-12-31 存储格式：以天为单位存储的无符号整数
S5TIME	16	S5T#0MS ~ S5T#2H46M30S 存储格式：2 bit 未用，2 bit 时间，12 bitBCD 码
DWORD	32	二进制：2#0 ~ 2#11111111111111111111111111111111 十六进制：DW#16#0 ~ DW#16#FFFFFFFF 无符号字节：B#（0，0，0，0）~ B#（255，255，255，255）
DINT	32	双精度有符号整数：L#-2147483648 ~ L#+2147483647
REAL	32	实数：±1.175 495e-38 ~ ±3.402 823e+38 存储格式：1 bit 符号位，8 bit 指数值，23 bit 尾数值
TIME	32	T#-24d20h31m23s648ms ~ T#+24d20h31m23s647ms 存储格式：以 ms 为单位的有符号整数
TOD	32	TOD#00：00：00.000 ~ TOD#23：59：59.999 存储格式：以 ms 为单位的无符号整数

（三）S7-300 PLC 的传送、比较、转换指令

1. 传送指令

（1）S7-300 PLC 的传送指令符号如图 5-1 所示。

（2）功能描述。当使能端 EN 输入信号为"1"时，传送指令把输入端 IN 的数据复制到输出端 OUT 指定的地址。传送指令只能复制 BYTE、WORD 或 DWORD 数据对象。如果目的数据类型和源数据类型不一致，就根据实际情况对高位字节进行截断或以零填充。当目的数据类型的长度大于源数据类型时，就以零填充目的数据的高位字

节；当目的数据类型的长度小于源数据类型时，就截断源数据的高位字节。

S7-300 PLC 传送指令 ENO 与 EN 的逻辑状态相同。

2. 比较指令

（1）S7-300 PLC 的比较指令符号如图 5-2 所示。

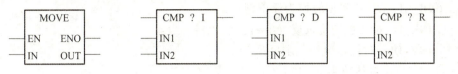

图 5-1　S7-300 PLC 的
　　　　传送指令符号

图 5-2　S7-300 PLC 的比较指令符号

在图 5-2 中，"CMP" 代表 "比较" 的意思；"IN1" "IN2" 代表要进行比较的两个数；"?" 是指具体的比较类型，共有如下 6 种类型：

①＝＝：IN1 等于 IN2；

②<>：IN1 不等于 IN2；

③>：IN1 大于 IN2；

④<：IN1 小于 IN2；

⑤>=：IN1 大于或等于 IN2；

⑥<=：IN1 小于或等于 IN2。

"?" 后面的字母 "I" 表示参与比较的数据类型是整数；"D" 表示参与比较的数据类型是双整数；"R" 表示参与比较的数据类型是实数。

（2）S7-300 PLC 比较指令的参数见表 5-2。

表 5-2　S7-300 PLC 比较指令的参数

参数名称	数据类型	存储区	描述
输入框	BOOL	I, Q, M, D, L	上一逻辑运算的结果
输出框	BOOL	I, Q, M, D, L	比较的结果，仅在输入框的 RLO = 1 时才进一步处理
IN1	INT, DINT, REAL	I, Q, M, D, L 或常数	要比较的第一个值
IN2	BOOL	I, Q, M, D, L 或常数	要比较的第二个值

（3）功能描述。比较指令的使用方法与标准触点类似。它可位于任何可放置标准触点的位置。根据用户选择的比较类型对输入端 IN1 和 IN2 的数据进行比较。如果比较结果为 TRUE，则此函数的 RLO 为 "1"；如果以串联方式使用该框，就使用 "与" 运算将其链接至整个梯级程序段的 RLO；如果以并联方式使用该框，就使用 "或" 运算将其链接至整个梯级程序段的 RLO。

3. 转换指令

（1）S7-300 PLC 的转换指令符号如图 5-3 所示。

在图 5-3 中，"???" 指代所执行的转换类型。具体转换类型如下：

①BCD_I：BCD 码转换为整型；

②I_BCD：整型转换为BCD码；
③BCD_DI：BCD码转换为双整型；
④I_DINT：整型转换为双整型；
⑤DI_BCD：双整型转换为BCD码；
⑥DI_REAL：双整型转换为浮点型；
⑦INV_I：对整数按位求反（0→1，1→0）；
⑧INV_DI：对长整数按位求反；
⑨NEG_I：对整数乘（-1）；
⑩NEG_DI：对双整数乘（-1）；
⑪NEG_R：对浮点数乘（-1）；
⑫ROUND：实数取整为长整型（四舍五入，优先输出偶数）；
⑬TRUNC：实数取整为长整型（舍弃小数）；
⑭CEIL：实数向上取整；
⑮FLOOR：实数向下取整。

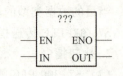

图5-3　S7-300 PLC的转换指令符号

（2）功能描述。当使能端EN输入信号为"1"时，转换指令把输入端IN的数据按照指定的转换类型转换到输出端OUT指定的地址。输入端IN可用存储区为I，Q，M，D，L或常数。输出端OUT的可用存储区为I，Q，M，D，L。在转换正确的情况下，转换指令的ENO与EN的逻辑状态相同。

（四）相关专业术语

Move Instruction：传送指令；

Comparison Instruction：比较指令；

Conversion Instruction：转换指令；

Character：字符；

Positive Number：正数；

Negative Number：负数；

Integer：整数；

Real：实数；

Exponent：指数；

Mantissa：（对数的）尾数；

Source Data：源数据；

Destination Data：目的数据；

Equal：等于；

Greater than：大于；

Less than：小于。

二、计划

根据项目需求，编制输入/输出分配表，绘制PLC控制系统电路图，按控制要求编写数码显示的控制程序并进行仿真调试，完成PLC控制系统电路的连接，下载PLC控制系统程序到PLC并运行，实现所要求的控制功能。

按照通常的 PLC 控制系统程序编写及硬件装调工作流程制定计划，见表 5-3。

表 5-3　应用数据传送等指令实现数码显示控制工作计划

序号	项目	内容	时间/min	人员
1	编制输入/输出分配表	确定所需要的输入/输出点数并分配具体用途，编制输入/输出分配表（需提交）	5	全体人员
2	绘制 PLC 控制系统电路图	根据输入/输出分配表绘制 PLC 控制系统电路图	15	全体人员
3	连接 PLC 控制系统电路	根据电路图完成电路连接	20	全体人员
4	编写 PLC 控制系统程序	根据控制要求编写 PLC 控制系统程序	25	全体人员
5	PLC 控制系统程序仿真运行	使用 S7-PLCSIM 仿真运行 PLC 控制系统程序	10	全体人员
6	下载控制系统 PLC 程序并运行	把 PLC 控制系统程序下载到 PLC，实现所要求的控制功能	5	全体人员

三、决策

按照表 5-3 所示的工作计划，项目小组全体成员共同确定输入/输出分配表，然后分两个小组分别实施系统程序编写及硬件装调全部工作，合作完成任务并提交项目评价表。

四、实施

项目的实施必须在保证安全的前提下进行，应提前建立并熟悉项目检查事项及评价要素，在实施过程中予以充分重视，以确保项目顺利进行。

（一）编制输入/输出分配表

根据控制要求，需要设置的输入元件包括：一个启动按钮、一个急停按钮、缓存区入口光电传感器 1、缓存区出口光电传感器 2、包装工位入口光电传感器 3，输出元件设置两个控制继电器，分别是皮带 1 运行继电器和皮带 2 运行继电器。各元件的输入/输出分配表见表 5-4。

表 5-4　输入/输出分配表

输入			输出		
地址	元件符号	元件名称	地址	元件符号	元件名称
I0.0	SP1	光电传感器 1	QB0	LED1	个位数码管
—	—	—	QB1	LED2	十位数码管

（二）绘制 PLC 控制系统电路图

根据控制需求，绘制 PLC 控制系统电路图，如图 5-4 所示。图中包括交/直流电源、断路器、熔断器、接触器、热继电器、中间继电器、指示灯、按钮、PLC 等元器件。

(三)连接 PLC 控制系统电路

按工艺规范完成 PLC 控制系统电路的连接。电路的连接主要考虑元器件的布置安装、导线线径与颜色的选择、接线端子的选择与制作、线号标识的制作与排列,最终实现元器件布局间距合理、安装稳固可靠、布线整齐有序、松紧适宜、接线规范牢固、标识清晰明确。

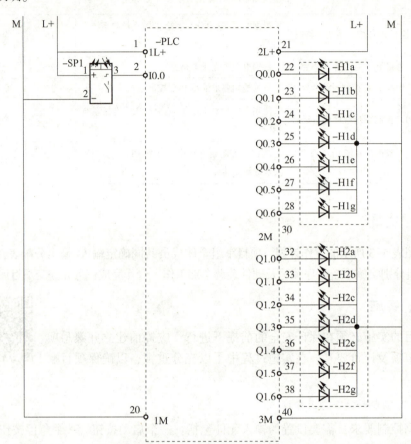

图 5-4 数码显示 PLC 控制电路图

(四)编写 PLC 控制系统程序

1. 任务分析

根据控制要求,需要显示的生产线上进入包装工位的工件个数,工件个数可由计数器获得。由于工件个数的上限是 25,只需要显示两位数,因此采用两个七段数码管就可以满足要求。七段数码管通常由七个发光二极管组成,从上开始顺时针方向排列,分别命名为 a、b、c、d、e、f、g。具体排列如图 5-5 所示。选用数码管时需要考虑 PLC 的输出端是高电平有效还是低电平有效:高电平有效时要选择共阴极数码管;低电平有效时则选择共阳极数码管。数码管和 PLC 连接时要注意电压的匹配,如

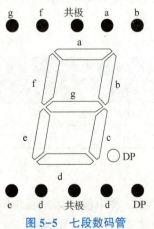

图 5-5 七段数码管

果数码管的电压低于 PLC 输出端电压，就需要串接适当的电阻，以免损坏数码管。

2. 共阴极七段数码管的控制要求

根据共阴极七段数码管的结构特点，它显示不同的数字或字母时，需要在其管脚加上不同的信号。共阴极七段数码管的控制要求见表 5-5。

表 5-5　共阴极七段数码管显示的控制要求

显示数字	管脚信号						
	g	f	e	d	c	b	a
1	0	0	0	0	1	1	0
2	1	0	1	1	0	1	1
3	1	0	0	1	1	1	1
4	1	1	0	0	1	1	0
5	1	1	0	1	1	0	1
6	1	1	1	1	1	0	1
7	0	0	0	0	1	1	1
8	1	1	1	1	1	1	1
9	1	1	0	0	1	1	1
0	0	1	1	1	1	1	1

3. 个位数字显示的控制程序

根据共阴极七段数码管的控制要求以及输入/输出分配表，可以知道在显示不同的数字时 PLC 的各输出端的信号状态，见表 5-6。

表 5-6　个位数字显示的信号状态

显示数字	Q0.7	Q0.6	Q0.5	Q0.4	Q0.3	Q0.2	Q0.1	Q0.0	QB0
		g	f	e	d	c	b	a	
1	0	0	0	0	0	1	1	0	W#16#06
2	0	1	0	1	1	0	1	1	W#16#5B
3	0	1	0	0	1	1	1	1	W#16#4F
4	0	1	1	0	0	1	1	0	W#16#66
5	0	1	1	0	1	1	0	1	W#16#6D
6	0	1	1	1	1	1	0	1	W#16#7D
7	0	0	0	0	0	1	1	1	W#16#07
8	0	1	1	1	1	1	1	1	W#16#7F
9	0	1	1	0	0	1	1	1	W#16#6F
0	0	0	1	1	1	1	1	1	W#16#3F

当把 W#16#06 赋给 QB0 时，数码管对应的 b 和 c 发光二极管亮，其余不亮，显示出来的就是数字 1。因此，要显示某个数字时，只需要把对应的十六进制数传送到

相应的输出端就可以了。在任一时刻，数码管只能显示 0~9 的一个数字，因此需要对传送指令增加一个条件来判断当前所需要显示的数字，这个判断条件可通过比较指令来实现。

个位显示数字 0 的程序段示例如图 5-6 所示。

程序段 1：工件计数

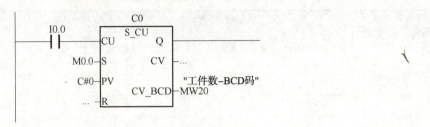

程序段 2 把工件数的BCD码转为整数

程序段 3：显示个位的0

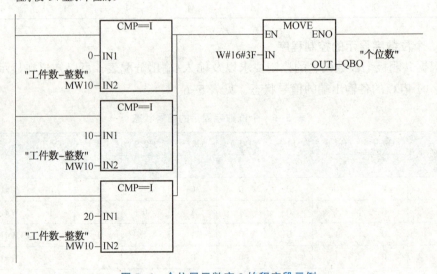

图 5-6　个位显示数字 0 的程序段示例

在图 5-6 所示的程序段中，首先通过 S_CU 计数器对进入包装工位的工件进行计数并把计数值以 BCD 码的形式存入 MW20，然后使用转换指令 BCD_I 把 MW20 中的 BCD 码转换为整数形式存入 MW10。

当计数值为 0，10，20 时，数码管显示数字 0，因此采用 3 个整数等于比较指令 CMP==I 并联的方式判断 MW10 中的数是否等于 0，只要其中一个条件成立就把 W#16#6 传送给 QB0，从而实现数字 0 的显示。依此类推，可分别实现其余数字的显示。

如果把计数器的计数值从 CV 端输出，虽然输出的结果可以直接用于整数比较指令,但由于该结果不是整数类型,因此不能在符号表进行符号编辑,否则引用符号时会出错。

4. 十位数字显示的控制程序

根据控制要求,十位上只需要显示 1 或者 2 两个数字:当工件数为 10~19 时,显示 1;当工件数为 20~25 时,显示 2;当工件数为 0~9 时,十位无显示。因此,根据七段数码管的控制要求,在满足显示 1 的条件时把 W#16#06 传送给 QB1,在满足显示 2 的条件时把 W#16#5B 传送给 QB1,既不显示 1 也不显示 2 时就把 W#16#0 传送给 QB1。十位数字的显示程序如图 5-7 所示。

程序段 13:十位无显示

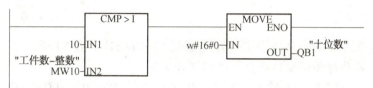

程序段 14:显示十位的1

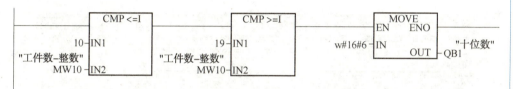

程序段 15:显示十位的2

图 5-7 十位数字的显示程序

与个位数字显示控制程序中只要满足条件之一即可显示不同,十位数字显示的条件要同时满足才行,因此比较指令采用串联的形式。

相比较直接比较计数值进行显示的方式(计数值为 1 显示 1,计数值为 2 显示 2,依此类推),采用按位显示的方式进行编程可以有效提高程序效率。以显示 0~999 为例,直接比较需要 1 000 个程序段,而按位显示只需要 29 个程序段。

5. 显示清零程序

根据控制要求,当计数值达到 25 时延时 5 s,然后显示清零,以示重新开始计数。采用等于比较指令判断计数值是否等于 25,当计数值等于 25 时,启动通电延时定时器进行通电延时,延时 5 s 后,通电延时定时器接通 M0.0,M0.0 则置位计数器初值为 0,然后个位数字显示和十位数字显示的控制程序根据计数值进行相应的显示,从而实现显示清零。

具体程序如图 5-8 所示。

程序段 16：显示延时清零

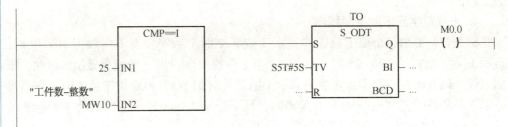

图 5-8　显示清零程序

（五）PLC 控制系统程序仿真运行

打开 S7-PLCSIM，把系统数据和程序块 OB1 下载到 S7-PLCSIM。在 S7-PLCSIM 中选择"RUN"命令，在程序编辑窗口中打开"监视开关"。

在 S7-PLCSIM 中单击光电传感器输入点 I0.0，观察 MW10，MW20，QB0 和 QB1 的状态变化是否和预期相同。图 5-9 所示是工件数清零时的仿真状况。

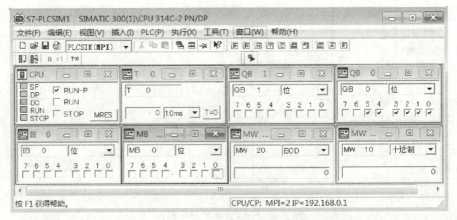

图 5-9　工件数清零时的仿真状况

（六）下载 PLC 控制系统程序并运行

通过仿真检查，确认程序编写无误后，连接编程计算机和 PLC，把程序下载到 PLC 中。在运行 PLC 控制系统程序前，要确认所有电路已正确连接，电源状态正常，所有开关处于正确位置；在运行 PLC 控制系统程序时，观察数码管显示是否正确。注意：设备发生意外情况时要及时切断电源以确保安全。

五、检查

本项目的主要任务是：根据控制需求及给定的元器件，编写输入/输出分配表，绘制 PLC 控制系统电路图，连接 PLC 控制系统电路，编写调试 PLC 控制系统程序，最终实现预期的控制功能。

根据本项目的具体内容，设置表 5-7 所示的检查评分表，在实施过程和终结时进行必要的检查并填写检查评分表。

表 5-7 数码显示 PLC 控制程序项目检查评分表

项目	分值	评分标准	检查情况	得分
编制输入/输出分配表	10 分	1. 所有输入地址编排合理，节约硬件资源，元件符号与元件作用说明完整，得 5 分； 2. 所有输出地址编排合理，节约硬件资源，元件符号与元件作用说明完整，得 5 分		
绘制 PLC 控制系统电路图	10 分	1. 电路图元件齐全，标注正确，得 5 分； 2. 电路功能完整，布局合理，得 5 分		
连接 PLC 控制系统电路	10 分	1. 安全违章，扣 10 分； 2. 安装不达标，每项扣 2 分		
编写 PLC 控制系统程序	50 分	1. 功能正确，程序段合理，得 30 分； 2. 符号表正确完整，得 10 分； 3. 绝对地址、符号地址显示正确，程序段注释合理，得 10 分		
PLC 控制系统程序仿真运行	10 分	1. S7-PLCSIM 打开正确，下载正常，得 5 分； 2. 仿真操作正确，能正确仿真运行程序，得 5 分		
下载 PLC 控制系统程序运行	10 分	1. 程序下载正确，PLC 指示灯正常，得 5 分； 2. 程序运行操作正确，能实现预定功能，得 5 分		
合计	100 分			

六、评价

根据项目实施、检查情况及答复项目甲方质询情况，填写评价表。评价分为自评和他评，见表 5-8 和表 5-9。评价的主要内容应包括实施过程简要描述、检查情况描述、存在的主要问题和解决方案等。

表 5-8 数码显示 PLC 控制程序项目自评表

签名：
日期：

表 5-9　数码显示 PLC 控制程序项目他评表

```
                                                               签名：

                                                               日期：
```

实践练习

一、资讯（项目需求）

在 A 工厂新建的生产系统中，工件需要分级管理，等级管理员根据工件情况分别赋予 1，2，3，4，5，6 六个等级，对应 A，B，C，D，E，F 六级（如图 5-10 所示）并通过数码管显示出来。设备采用 S7-300 PLC 进行控制，交/直流电源、断路器、熔断器、接触器、热继电器、中间继电器、数码管、按钮和 PLC 等元器件已准备好，请根据控制要求完成以下任务：

图 5-10　数码管显示字符图形

(1) 确定输入/输出分配表；
(2) 完成 PLC 控制系统电路图；
(3) 完成 PLC 控制系统电路连接；
(4) 完成 PLC 控制系统程序编写；
(5) 完成 PLC 控制系统程序仿真运行；
(6) 完成 PLC 控制系统程序下载并运行。

二、计划

A 工厂分级管理显示控制项目工作计划见表 5-10。

表 5-10　A 工厂分级管理显示控制项目工作计划

序号	项目	内　　容	时间	人员
1				
2				
3				
4				
5				
6				

三、决策

A 工厂分级管理显示控制项目决策表见表 5-11。根据任务要求和资源、人员的实际配置情况，按照表 5-10 所示的工作计划，采取项目小组的方式开展工作，小组内实行分工合作，每位成员都要完成全部任务并提交项目评价表。

表 5-11　A 工厂分级管理显示控制项目决策表

签名：
日期：

四、实施

（一）输入/输出分配表

输入/输出分配表见表 5-12。

表 5-12　输入/输出分配表

输入			输出		
地址	元件符号	元件名称	地址	元件符号	元件名称

（二）PLC 控制系统电路图

（三）PLC 控制系统程序

A 工厂分级管理显示控制项目实施记录表见表 5-13。

表 5-13　A 工厂分级管理显示控制项目实施记录表

签名：

日期：

五、检查

A 工厂分级管理显示控制项目检查评分表见表 5-14。

表 5-14　A 工厂分级管理显示控制项目检查评分表

项目	分值	评分标准	检查情况	得分
编制输入/输出分配表	10 分	1. 所有输入地址编排合理，节约硬件资源，元件符号与元件作用说明完整，得 5 分； 2. 所有输出地址编排合理，节约硬件资源，元件符号与元件作用说明完整，得 5 分		
绘制 PLC 控制系统电路图	10 分	1. 电路图元件齐全，标注正确，得 5 分； 2. 电路功能完整，布局合理，得 5 分		
连接 PLC 控制系统电路	10 分	1. 安全违章，扣 10 分； 2. 安装不达标，每项扣 2 分		

续表

项目	分值	评分标准	检查情况	得分
编写 PLC 控制系统程序	50 分	1. 功能正确，程序段合理，得 30 分； 2. 符号表正确完整，得 10 分； 3. 绝对地址、符号地址显示正确，程序段注释合理，得 10 分		
PLC 控制系统程序仿真运行	10 分	1. S7-PLCSIM 打开正确，下载正常，得 5 分； 2. 仿真操作正确，能正确仿真运行程序，得 5 分		
下载 PLC 控制系统程序运行	10 分	1. 程序下载正确，PLC 指示灯正常，得 5 分； 2. 程序运行操作正确，能实现预定功能，得 5 分		
合计	100 分			

六、评价

A 工厂分级管理显示控制项目自评表和他评表见表 5-15 和表 5-16。

表 5-15　A 工厂分级管理显示控制项目自评表

签名：
日期：

表 5-16　A 工厂分级管理显示控制项目他评表

签名：
日期：

扩展提升

某立体料库采用两位数进行料位编码，十位数 0~9 代表纵向由低到高，个位数

0~9代表横向由左往右。装料小车移动的两个方向分别由两台电动机驱动。管理员只要给定一个数字，装料小车就会移动到相应的料位。该系统由 S7-300 PLC 进行控制，交/直流电源、断路器、熔断器、接触器、热继电器、中间继电器、指示灯、按钮和 PLC 等元器件已准备好，请根据控制要求完成以下任务：

（1）确定输入/输出分配表；
（2）完成 PLC 控制系统电路图；
（3）完成 PLC 控制系统电路连接；
（4）完成 PLC 控制系统程序编写；
（5）完成 PLC 控制系统程序仿真运行；
（6）完成 PLC 控制系统程序下载并运行。

项目6 应用逻辑运算及移位与循环指令实现复杂设备的控制

背景描述

在实际应用中，有时需要对多个设备按特定逻辑进行控制，有些设备本身就包含多个机构，工作时需要多个机构协调配合才能实现特定的功能。在这种情况下，如果仍然以位逻辑的方式进行控制，控制效率往往会比较低。PLC本身具有较为强大的逻辑运算功能，恰当地运用这些逻辑运算功能，可以实现较为高效的控制，不但能够降低控制成本，还能够提高控制的可靠性，不失为一种明智的选择。在运用逻辑运算及移位与循环等功能时，操作的对象不再是单个的位数据，而是字或者双字等类型的数据，一方面提高了操作的效率，另一方面也需要编程者合理使用数据存储空间，以免造成数据错误或存储空间的浪费。

示范实例

一、资讯

（一）项目需求

在A工厂新建的生产系统中，有3台设备组成一个柔性加工系统。3台设备共有24个气缸，其中，第一台设备有6个气缸，为QG1~QG6；第二台设备有12个气缸，为QG7~QG18；第三台设备有6个气缸，为QG19~QG24。从气缸1开始，编号相邻的气缸每3个分为一组。气缸通过单线圈电磁阀控制，得电伸出，失电缩回，设备在进入工作状态前所有的气缸都失电缩回。设备工作共有4个工步，按下启动按钮时设备进入工步1开始工作，然后每隔5 s自动切换一个工步。设备在工步2到工步4之间不断循环，直到按下停止按钮所有气缸失电缩回。

设备在工步1时，所有编号为单数的气缸得电伸出，所有编号为双数的气缸不得电。

设备在工步2时，所有气缸的状态按编号增大方向传递一位，气缸1失电缩回。

设备在工步3时，各组气缸依次按照状态翻转/状态不变的规律动作一次。

设备在工步4时，各组气缸依次按照状态不变/状态翻转的规律动作一次。

该系统采用S7-300 PLC进行控制，相关元器件已准备好，请根据控制要求完成以下任务：

(1) 确定输入/输出分配表；
(2) 完成 PLC 控制系统电路图；
(3) 完成 PLC 控制系统电路连接；
(4) 完成 PLC 控制系统程序编写；
(5) 完成 PLC 控制系统程序仿真运行；
(6) 完成 PLC 控制系统程序下载并运行。

(二) S7-300 PLC 的移位/循环及字逻辑指令

1. 移位/循环指令

(1) 移位/循环指令符号如图 6-1 所示。

在图 6-1 中，"???"指代所执行的移位/循环类型。具体类型如下：

图 6-1 移位/循环指令符号

①SHR_I：整数右移；
②SHR_DI：双整数右移；
③SHL_W：字左移；
④SHR_W：字右移；
⑤SHL_DW：双字左移；
⑥SHR_DW：双字右移；
⑦ROL_DW：双字循环左移；
⑧ROR_DW：双字循环右移。

(2) 移位/循环指令参数见表 6-1。

表 6-1 移位/循环指令参数

参数名称	数据类型	存储区	描述
EN	BOOL	I, Q, M, D, L	使能输入
ENO	BOOL	I, Q, M, D, L	使能输出
IN	INT、WORD、DWORD	I, Q, M, D, L	要移位/循环的值
N	WORD	I, Q, M, D, L 或常数	要移位/循环的位数
OUT	INT、WORD、DWORD	I, Q, M, D, L 或常数	移位/循环指令的结果

(3) 功能描述。

①移位指令操作示意如图 6-2～图 6-4 所示。当使能端 EN 输入信号为"1"时，移位指令把输入端 IN 的数据向左或者向右移动 N 位，移出位的数据将丢失，移位后空出的位填充"0"或符号位的信号状态（0 代表正数，1 代表负数）。移位指令可操作的数据存储空间包括 I、Q、M、L、D。对整数及字的移位，要移位的 N 值如果大于 16，移位指令将按照 $N=16$ 的情况执行；对双整数及双字的移位，要移位的 N 值如果大于 32，移位指令将按照 $N=32$ 的情况执行。

移位指令的 ENO 与 EN 的逻辑状态相同。

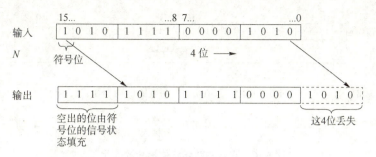

图 6-2　整数右移指令操作示意

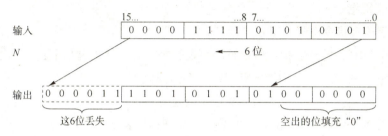

图 6-3　字左移指令操作示意

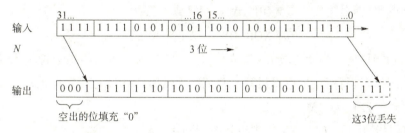

图 6-4　双字右移指令操作示意

②循环移位指令操作示意如图 6-5 和图 6-6 所示。当使能端 EN 输入信号位 "1" 时，循环移位指令把输入端 IN 的数据向左或者向右移动 N 位，移出位的数据将填充到移位后空出的位，形成首尾循环的移位。循环移位指令可操作的数据存储空间包括 I、Q、M、L、D。如果要循环移位的 N 值大于 32，那么实际执行的循环移动位数为 (N-1)÷32 所得的余数加 1。如 N=33，则实际循环移动 1 位。

循环移位指令的 ENO 与 EN 的逻辑状态相同。

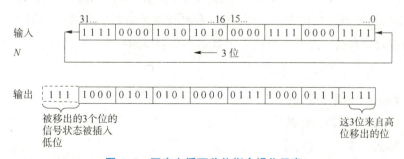

图 6-5　双字左循环移位指令操作示意

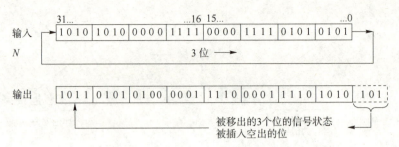

图 6-6 双字右循环移位指令操作示意

2. 字逻辑指令

（1）字逻辑指令符号如图 6-7 所示。

在图 6-7 中，"???" 指代所执行的字逻辑类型。具体类型如下：

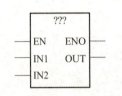

图 6-7 字逻辑指令符号

①WAND_W：字与运算；
②WOR_W：字或运算；
③WXOR_W：字异或运算；
④WAND_DW：双字与运算；
⑤WOR_DW：双字或运算；
⑥WXOR_DW：双字异或运算。

（2）功能描述。当使能端 EN 输入信号为"1"时，字逻辑指令把输入端 IN1 和 IN2 的数据按位进行指定的逻辑运算，并把结果输出到 OUT 端指定的地址。字逻辑指令可用存储区为 I，Q，M，D，L。

字逻辑指令的 ENO 与 EN 的逻辑状态相同。

"与"逻辑遵循"全1为1，见0出0"的运算规则，用"0"和被控对象进行"与"运算可实现清零的操作。用"1"和被控对象进行"与"运算不改变被控对象。被控对象和自己进行"与"运算不发生改变。

"或"逻辑遵循"全0为0，见1出1"的运算规则，用"1"和被控对象进行"或"运算可实现置1的操作。用"0"和被控对象进行"或"运算不改变被控对象。被控对象和自己进行"或"运算不发生改变。

"异或"逻辑遵循"相同为1，不同为0"的运算规则，用"1"和被控对象进行"异或"运算可实现取反的操作。用"0"和被控对象进行"异或"运算不改变被控对象。被控对象和自己进行"异或"运算可实现清零的操作。

（三）相关专业术语

（1）Shift：转移，变换；
（2）Rotate：旋转，轮换；
（3）Right：向右，右边；
（4）Left：向左，左边；

(5) AND：与（逻辑运算）；

(6) OR：或（逻辑运算）；

(7) Exclusive OR：异或（逻辑运算）。

二、计划

根据项目需求，编制输入/输出分配表，绘制 PLC 控制系统电路图，按控制要求编写控制程序并进行仿真调试，完成 PLC 控制系统电路的连接，下载 PLC 控制系统程序到 PLC 并运行，实现所要求的控制功能。

按照通常的 PLC 控制系统程序编写及硬件装调工作流程制定计划，见表 6-2。

表 6-2 应用逻辑运算及移位与循环指令实现复杂设备的控制工作计划

序号	项目	内容	时间/min	人员
1	编制输入/输出分配表	确定所需要的输入/输出点数并分配具体用途，编制输入/输出分配表（需提交）	5	全体人员
2	绘制 PLC 控制系统电路图	根据输入/输出分配表绘制 PLC 控制系统电路图	15	全体人员
3	连接 PLC 控制系统电路	根据电路图完成电路连接	20	全体人员
4	编写 PLC 控制系统程序	根据控制要求编写 PLC 控制系统程序	25	全体人员
5	PLC 控制系统程序仿真运行	使用 S7-PLCSIM 仿真运行 PLC 控制系统程序	10	全体人员
6	下载 PLC 控制系统程序并运行	把 PLC 控制系统程序下载到 PLC，实现所要求的控制功能	5	全体人员

三、决策

按照表 6-2 所示的工作计划，项目小组全体成员共同确定输入/输出分配表，然后分两个小组分别实施 PLC 控制系统程序编写及硬件装调全部工作，合作完成任务并提交任务评价表。

四、实施

项目的实施必须在保证安全的前提下进行，应提前建立并熟悉项目检查事项及评价要素，在实施过程中予以充分重视，以确保项目顺利进行。

(一) 编制输入/输出分配表

按照控制要求，输入元件包括一个启动按钮和一个停止按钮，输出元件为 24 个控制气缸的电磁阀（线圈）。输入/输出分配表见表 6-3。

表 6-3 输入/输出分配表

输入			输出		
地址	元件符号	元件名称	地址	元件符号	元件名称
I0.0	SB1	停止按钮	QB0~QB2	YA1~YA24	电磁阀 1~24
I0.1	SB2	启动按钮	—	—	—

(二) 绘制 PLC 控制系统电路图

根据控制需求，绘制 24 个气缸柔性系统 PLC 控制电路图，如图 6-8 所示。

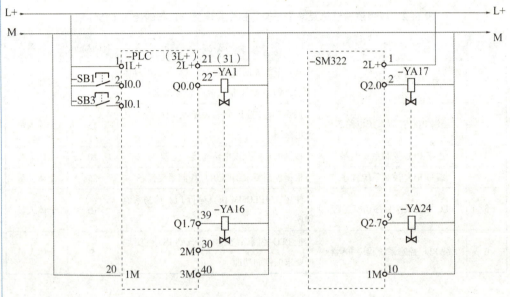

图 6-8 24 个气缸柔性系统 PLC 控制电路示意

(三) 连接 PLC 控制系统电路

按工艺规范完成 PLC 控制系统电路的连接。PLC 控制系统电路的连接主要考虑元器件的布置安装、导线线径与颜色的选择、接线端子的选择与制作、线号标识的制作与排列，最终实现元器件布局间距合理、安装稳固可靠、布线整齐有序、松紧适宜、接线规范牢固、标识清晰明确。

(四) 编写 PLC 控制系统程序

1. 任务分析

根据控制要求，需要对 24 个气缸的电磁阀进行控制。由于一个字的存储空间只有 16 bit，因此需要采用一个双字来装载 24 个电磁阀的状态。分别采用移位指令和字逻辑指令实现所需要的功能。通过 M 继电器控制每个工步的接通和断开，工步的运行时间可由定时器控制。

本项目构造一个用于操作的双字，这是保证实现正确控制的关键一步。根据输入/输出分配表以及字节与双字的结构关系，构造一个控制双字，如图 6-9 所示。

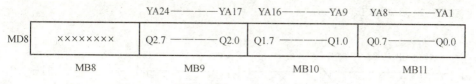

图 6-9 控制双字的构造

由图 6-9 可知，16 个电磁阀的状态被装入控制双字 MD8 中，占据其中的 3 个字节。其中，MB11 装载 QB0，MB10 装载 QB1，MB9 装载 QB2。对应电磁阀就是从低位到高位（YA1~YA24）依次排列。MD8 最高字节 MB8 与电磁阀状态无关。

2. 通过启动组织块 OB100 实现初始化

在本项目中，明确要求所有气缸在进入工作状态前全部处于失电缩回的状态。为了确保这一要求的实现，可通过启动组织块 OB100 对所有的输出进行初始化。启动组织块在 PLC 暖启动时先于主程序 OB1 被执行且只执行一次，常用于程序的初始化。本项目中 OB100 初始化程序如图 6-10 所示。

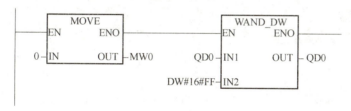

图 6-10 OB100 初始化程序

程序中，QD0 包括 QB0，QB1，QB2，QB3 四个字节，其中需要清零的是 QB0，QB1，QB2 三个字节，因此采用"与"运算。参与运算的数为 DW#16#FF，其二进制形式为"00000000 00000000 00000000 11111111"，QD0 与之进行"与"运算后，QB0，QB1，QB2 被清零，QB3 保持不变。MW0 通过传送指令清零以关闭所有工步，保证设备处于工作前准备状态。

3. 工步 1 的控制程序

按照控制要求，当按下启动按钮时，设备进入工步 1，所有编号为单数的气缸得电伸出，所有编号为双数的气缸不得电。这可以通过"或"运算来实现。工步 1 的运行时间为 5 s，采用通电延时定时器进行控制。工步 1 的控制程序如图 6-11 所示。

在图 6-11 所示的程序中，双字"或"运算的 IN2 为 DW#16#55555500，其二进制形式为"01010101 01010101 01010101 00000000"，因此与 QD0 进行"或"运算后即可实现"所有编号为单数的气缸得电伸出，所有编号为双数的气缸不得电"的控制要求。

程序段 2：启动进入工步1

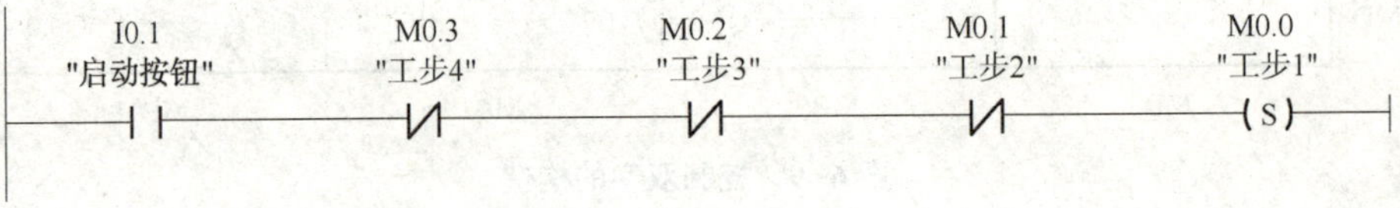

```
   I0.1        M0.3        M0.2        M0.1        M0.0
"启动按钮"    "工步4"     "工步3"     "工步2"     "工步1"
 ──┤├────────┤/├─────────┤/├─────────┤/├─────────( S )──
```

程序段 3：工步1

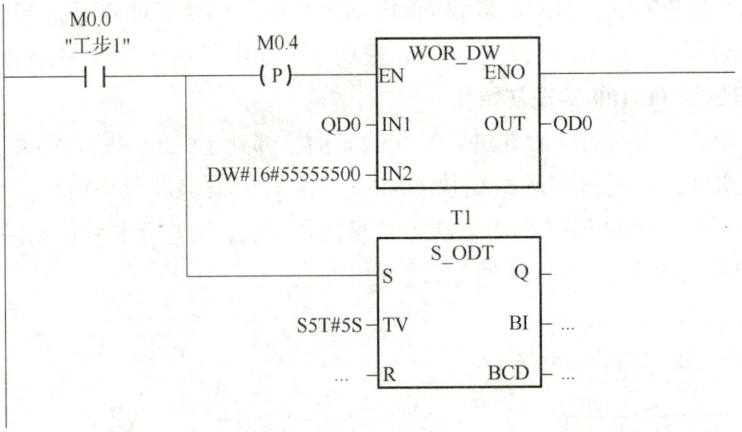

```
  M0.0
 "工步1"       M0.4
 ──┤├──────────(P)──────┬──── EN    ENO ────────────
                        │   WOR_DW
                   QD0 ─┤ IN1    OUT ── QD0
                        │
          DW#16#55555500┤ IN2
                        
                        │         T1
                        │       S_ODT
                        ├────── S      Q
                        │
                S5T#5S ─┤ TV    BI ── ...
                        │
                    ... ┤ R    BCD ── ...
```

程序段 4：工步1切换到工步2

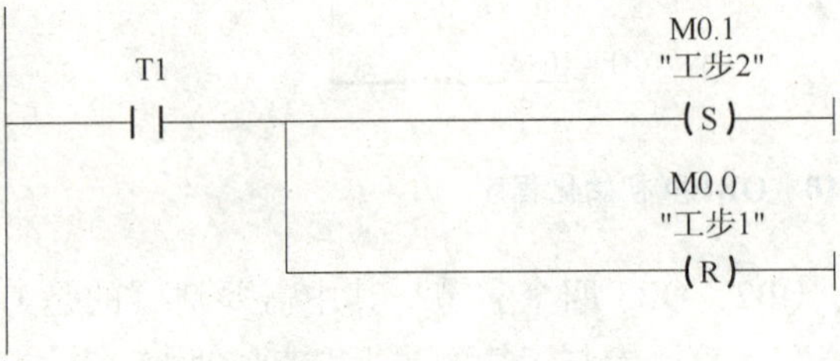

```
   T1                             M0.1
                                 "工步2"
 ──┤├───────────────────────────( S )──
                                  M0.0
                                 "工步1"
                                 ( R )──
```

图 6-11 工步 1 的控制程序

4. 工步 2 的控制程序

工步 2 的控制程序如图 6-12 所示，应用双字左移指令即可实现控制要求。

5. 工步 3 的控制程序

工步 3 的控制要求是各组气缸依次按照状态翻转/状态不变的规律动作一次，采用"异或"运算来实现。参与"异或"运算的 IN2 为 DW#16#1C71C7，其二进制形式为 "00000000 00011100 01110001 11000111"，利用"异或"运算的"与 1 异或取反，与 0 异或不变"特性实现控制功能。具体程序如图 6-13 所示。

6. 工步 4 的控制程序

工步 4 的控制要求与工步 3 类似，根据控制要求，把参与"异或"运算的 IN2 修改为 DW#16#E38E38 即可，其二进制形式为 "00000000 11100011 10001110 00111000"。具体程序如图 6-14 所示。

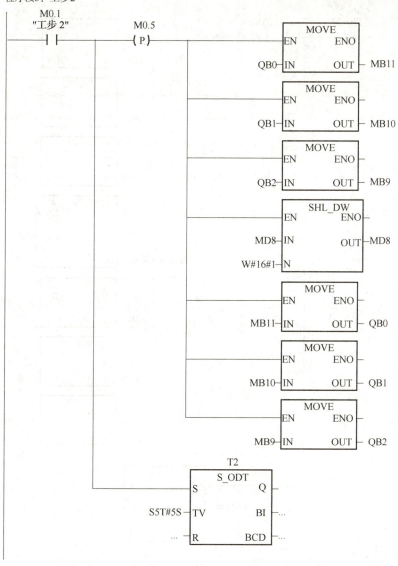

图 6-12 工步 2 的控制程序

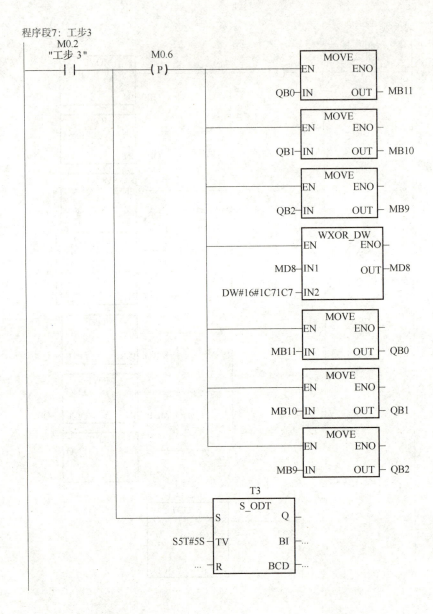

图 6-13　工步 3 的控制程序

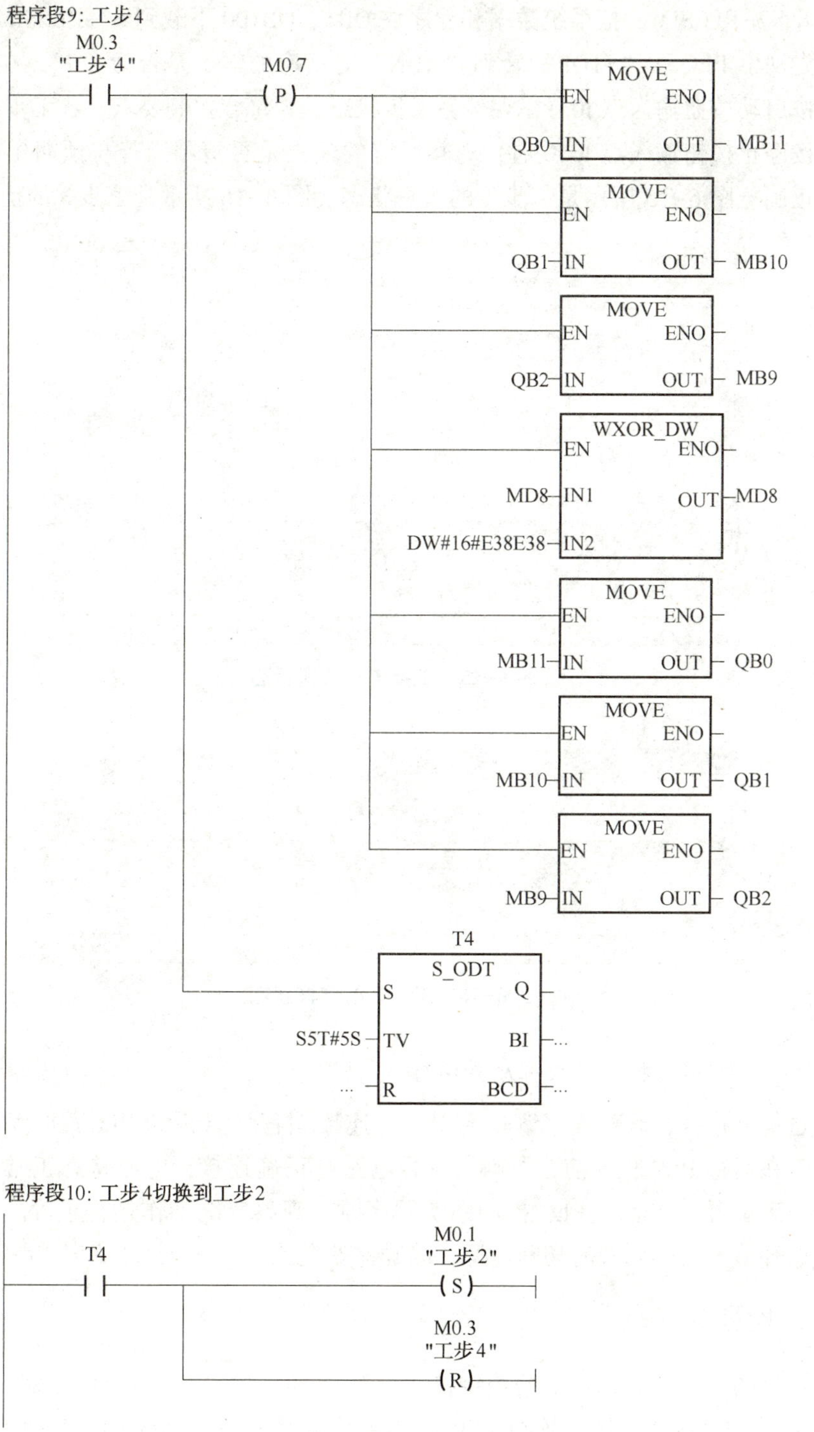

程序段9: 工步4

```
   M0.3
  "工步4"        M0.7
───┤├──────┬────( P )──┬──────┐
           │           │      ┌─────────┐
           │           ├──────┤EN  MOVE ENO├─── 
           │           │   QB0┤IN     OUT├─ MB11
           │           │      └─────────┘
           │           │      ┌─────────┐
           │           ├──────┤EN  MOVE ENO├─── 
           │           │   QB1┤IN     OUT├─ MB10
           │           │      └─────────┘
           │           │      ┌─────────┐
           │           ├──────┤EN  MOVE ENO├─── 
           │           │   QB2┤IN     OUT├─ MB9
           │           │      └─────────┘
           │           │      ┌──────────┐
           │           │      │ WXOR_DW  │
           │           ├──────┤EN     ENO├───
           │           │  MD8─┤IN1    OUT├─ MD8
           │           │DW#16#│          │
           │           │E38E38┤IN2       │
           │           │      └──────────┘
           │           │      ┌─────────┐
           │           ├──────┤EN  MOVE ENO├───
           │           │ MB11─┤IN     OUT├─ QB0
           │           │      └─────────┘
           │           │      ┌─────────┐
           │           ├──────┤EN  MOVE ENO├───
           │           │ MB10─┤IN     OUT├─ QB1
           │           │      └─────────┘
           │           │      ┌─────────┐
           │           └──────┤EN  MOVE ENO├───
           │               MB9┤IN     OUT├─ QB2
           │                  └─────────┘
           │                   T4
           │                  ┌──────┐
           │                  │S_ODT │
           └──────────────────┤S    Q│
                       S5T#5S─┤TV  BI├─…
                            …─┤R  BCD├─…
                              └──────┘
```

程序段10: 工步4切换到工步2

```
                      M0.1
                     "工步2"
   T4                  (S)
───┤├─────────┬────────
              │       M0.3
              │      "工步4"
              └────────(R)
```

图 6-14 工步 4 的控制程序

（五）PLC 控制系统程序仿真运行

打开 S7-PLCSIM，把系统数据和程序块 OB1、OB100 下载到 S7-PLCSIM。

首先观察 PLC 从"STOP"转到"RUN"时所有的输出是否为"0"；在"RUN"状态下按启动按钮输入点 I0.1，观察各工步状态是否符合控制要求，各工步是否自动转换；按停止按钮输入点 I0.0 后，观察所有的输出是否清零。若与预期相同，则说明程序正确。图 6-15 所示是工步 1 的仿真状态。图 6-16 所示是工步 3 的仿真状态。

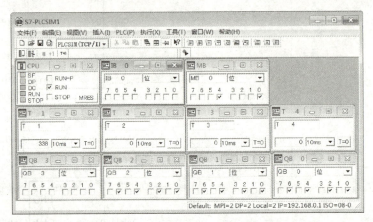

图 6-15　工步 1 的仿真状态

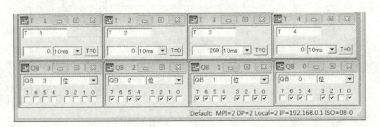

图 6-16　工步 3 的仿真状态

（六）下载 PLC 控制系统程序并运行

通过仿真检查，确认程序编写无误后，连接编程计算机和 PLC，把程序下载到 PLC 中。在运行 PLC 程序前，要确认所有电路已正确连接，电源状态正常，所有开关处于正确位置。在运行 PLC 控制系统程序时，观察气缸动作是否正确。注意：设备发生意外情况时，要及时切断电源，以确保安全。

五、检查

本项目的主要任务是：根据控制需求及给定的元器件，编写输入/输出分配表，绘制 PLC 控制系统电路图，连接 PLC 控制系统电路，编写调试 PLC 控制系统程序，最终实现预期的控制功能。

根据本项目的具体内容，设置表 6-4 所示的检查评分表，在实施过程和终结时进行必要的检查并填写检查评分表。

表 6-4 24 个气缸柔性系统 PLC 控制程序项目检查评分表

项目	分值	评分标准	检查情况	得分
编制输入/输出分配表	10 分	1. 所有输入地址编排合理，节约硬件资源，元件符号与元件作用说明完整，得 5 分； 2. 所有输出地址编排合理，节约硬件资源，元件符号与元件作用说明完整，得 5 分		
绘制 PLC 控制系统电路图	10 分	1. 电路图元件齐全，标注正确，得 5 分； 2. 电路功能完整，布局合理，得 5 分		
连接 PLC 控制系统电路	10 分	1. 安全违章，扣 10 分； 2. 安装不达标，每项扣 2 分		
编写 PLC 控制系统程序	50 分	1. 功能正确，程序段合理，得 30 分； 2. 符号表正确完整，得 10 分； 3. 绝对地址、符号地址显示正确，程序段注释合理，得 10 分		
PLC 控制系统程序仿真运行	10 分	1. S7-PLCSIM 打开正确，下载正常，得 5 分； 2. 仿真操作正确，能正确仿真运行程序，得 5 分		
下载 PLC 控制系统程序并运行	10 分	1. 程序下载正确，PLC 指示灯正常，得 5 分； 2. 程序运行操作正确，能实现预定功能，得 5 分		
合计	100 分			

六、评价

根据项目实施、检查情况及答复项目甲方质询情况，填写评价表。评价分为自评和他评，见表 6-5 和表 6-6。评价的主要内容应包括实施过程简要描述、检查情况描述、存在的主要问题和解决方案等。

表 6-5 24 个气缸柔性系统 PLC 控制程序项目自评表

签名：
日期：

表 6-6 24 个气缸柔性系统 PLC 控制程序项目他评表

签名：
日期：

实践练习

一、资讯（项目需求）

在 A 工厂新建的生产系统中，有一个组合机构有 18 个气缸，工作前处于失电缩回状态。该机构包括 6 个进料通道，可进高、低两种物料。物料用光电开关进行检测，高物料的光电信号为"1"，低物料的光电信号为"0"。对物料的处理包括以下 4 个工步。

工步 1：根据物料高低对应的 6 个气缸 QG1~QG6 状态与物料光电信号相反，其余气缸失电缩回；

工步 2：气缸 QG1~QG6 保持工步 1 状态，气缸 QG7~QG12 得电伸出，其余气缸失电缩回；

工步 3：气缸 QG1~QG6 失电缩回，气缸 QG7~QG12 保持工步 2 状态，气缸 QG13~QG18 为工步 1 中气缸 QG1~QG6 状态取反；

工步 4：所有气缸失电缩回，等待进料。

该机构采用 S7-300 PLC 进行控制，相关元器件已准备好，请根据控制要求完成以下任务：

(1) 确定输入/输出分配表；
(2) 完成 PLC 控制系统电路图；
(3) 完成 PLC 控制系统电路连接；
(4) 完成 PLC 控制系统程序编写；
(5) 完成 PLC 控制系统程序仿真运行；
(6) 完成 PLC 控制系统程序下载并运行。

二、计划

A 工厂高低物料处理控制项目工作计划见表 6-7。

表 6-7 A 工厂高低物料处理控制项目工作计划

序号	项目	内容	时间	人员
1				
2				
3				
4				
5				
6				

三、决策

A 工厂高低物料处理控制项目决策表见表 6-8。根据任务要求和资源、人员的实际配置情况，按照工作计划，采取项目小组的方式开展工作，小组内实行分工合作，每位成员都要完成全部任务并提交项目评价表。

表 6-8 A 工厂高低物料处理控制项目决策表

签名： 日期：

四、实施

（一）输入/输出分配表（见表 6-9）

表 6-9 输入/输出分配表

输入			输出		
地址	元件符号	元件名称	地址	元件符号	元件名称

(二)PLC 控制系统电路图

(三)PLC 控制系统程序

A 工厂高低物料处理控制项目实施记录表见表 6-10。

表 6-10　A 工厂高低物料处理控制项目实施记录表

签名：
日期：

五、检查

A 工厂高低物料处理控制项目检查评分表见表 6-11。

表 6-11　A 工厂高低物料处理控制项目检查评分表

项目	分值	评分标准	检查情况	得分
编制输入/输出分配表	10 分	1. 所有输入地址编排合理，节约硬件资源，元件符号与元件作用说明完整，得 5 分； 2. 所有输出地址编排合理，节约硬件资源，元件符号与元件作用说明完整，得 5 分		
绘制 PLC 控制系统电路图	10 分	1. 电路图元件齐全，标注正确，得 5 分； 2. 电路功能完整，布局合理，得 5 分		
连接 PLC 控制系统电路	10 分	1. 安全违章，扣 10 分； 2. 安装不达标，每项扣 2 分		
编写 PLC 控制系统程序	50 分	1. 功能正确，程序段合理，得 30 分； 2. 符号表正确完整，得 10 分； 3. 绝对地址、符号地址显示正确，程序段注释合理，得 10 分		
PLC 控制系统程序仿真运行	10 分	1. S7-PLCSIM 打开正确，下载正常，得 5 分； 2. 仿真操作正确，能正确仿真运行程序，得 5 分		
下载 PLC 控制系统程序并运行	10 分	1. 程序下载正确，PLC 指示灯正常，得 5 分； 2. 程序运行操作正确，能实现预定功能，得 5 分		
合计	100 分			

六、评价

A 工厂高低物料处理控制项目自评表和他评表见表 6-12 和表 6-13。

表 6-12　A 工厂高低物料处理控制项目自评表

签名：
日期：

表 6-13　A 工厂高低物料处理控制项目他评表

签名：
日期：

扩展提升

24 个 LED 组成一个圆形霓虹灯。这 24 个 LED 按照 1 s 的节拍变化，所有变化均以第一个 LED 为起点。

变化 1：4 个 LED 一组依次全部点亮；

变化 2：3 个 LED 一组一亮一灭；

变化 3：对变化 2 进行取反；

变化 4：以变化 3 为基础每次移动两位，移动一圈；

变化 5：所有 LED 全亮；

变化 6：4 个 LED 一组依次熄灭。

该霓虹灯系统由 S7-300 PLC 进行控制，元器件已准备好，请根据控制要求完成以下任务：

（1）确定输入/输出分配表；

（2）完成 PLC 控制系统电路图；

（3）完成 PLC 控制系统电路连接；

（4）完成 PLC 控制系统程序编写；

（5）完成 PLC 控制系统程序仿真运行；

（6）完成 PLC 控制系统程序下载并运行。

项目7 应用功能与功能块控制多台设备

背景描述

在许多实际生产场景中,有些设备之间具有相似的应用功能和控制需求。当这些设备数量较大时,如果仍然按照单一设备逐一编程控制,虽然也能实现所需的控制,但往往会导致程序冗长,效率不高。在S7-300 PLC中,可以通过适当的使用功能或者功能块较好地解决这一实际需求。S7-300 PLC中的功能或者功能块本质上属于子程序,采用子程序的结构化编程具有程序编写规范、逻辑功能清晰、控制效率较高等优点,日益获得广泛的应用。在使用功能或者功能块时,需要根据控制的需求,定义所需的参数变量和存储空间,做到既具有较好的通用性和可移植性,又尽可能节约存储空间。

一、资讯

(一)项目需求

在A工厂新建的生产系统中,有一套设备的3台电动机均采用星-三角方式进行启动。其中,第一台和第二台电动机"星-三角"切换的时间为30 s,第三台电动机的"星-三角"切换时间为45 s。该设备工作时,首先是电动机1和电动机2共同工作10 min,然后电动机1和电动机3共同工作直至停止。

该系统采用S7-300 PLC进行控制,交/直流电源、断路器、熔断器、接触器、热继电器、中间继电器、按钮和PLC等元器件已准备好,请根据控制要求完成以下任务:

(1)确定输入/输出分配表;
(2)完成PLC控制系统电路图;
(3)完成PLC控制系统电路连接;
(4)完成PLC控制系统程序编写;
(5)完成PLC控制系统程序仿真运行;
(6)完成PLC控制系统程序下载并运行。

（二）S7-300 PLC 的用户程序结构与编程方法

1. S7-300 PLC 的用户程序结构

与日常使用的计算机类似，S7-300 PLC 的程序分为操作系统和用户程序。其中，操作系统用于组织与特定控制任务无关的所有 CPU 功能；用户程序包含处理用户特定的自动化任务所需要的所有功能。S7-300 PLC 的用户程序由块组成，包括逻辑块和数据块。块类似于子程序，通过块与块之间的调用实现所需的功能。用户程序中的块见表 7-1，其中，组织块（OB）、功能块（FB）、功能（FC）、系统功能块（SFB）、系统功能（SFC）都包含程序段，统称为逻辑块。块的使用增加了用户程序的组织透明性、可理解性和易维护性。

表 7-1 用户程序中的块

块	简要描述
组织块（OB）	操作系统和用户程序之间的接口，决定用户程序的结构
功能块（FB）	用户编写的包含经常使用的功能的子程序，有专用的存储区
功能（FC）	用户编写的包含经常使用的功能的子程序，无专用的存储区
系统功能块（SFB）	集成在 CPU 模块中，可由用户调用，但不能修改的系统内部功能块
系统功能（SFC）	集成在 CPU 模块中，可由用户调用，但不能修改的系统内部功能
共享数据块（DB）	存储用户数据的数据区域，供所有的逻辑块使用
背景数据块（DI）	调用功能块/系统功能块时用于传递参数的数据块，其数据在编译时自动生成

在所有的逻辑块中，组织块由操作系统调用，控制循环中断驱动的程序执行、PLC 启动特性和错误处理。不同的组织块由不同的启动事件触发，具有不同的优先级。不是所有的 S7-300 CPU 都提供所有的组织块，但是每一个项目中都包含主程序循环组织块 OB1。当需要设置运行的初始值时，PLC 在循环扫描 OB1 之前先执行一次启动组织块 OB100。系统功能和系统功能块由 PLC 提供，集成在 CPU 中，用户可调用但不能修改；功能和功能块则是由用户根据控制需求自行创建并调用的。调用功能和系统功能无须专用的存储空间；调用功能块和系统功能块则需要分配专用的背景数据块。

2. S7-300 PLC 的编程方法

S7-300 PLC 的编程方法包括线性化编程、模块化编程和结构化编程。

（1）线性化编程是将整个用户程序都放在循环组织块 OB1 中，循环扫描时不断地依次执行 OB1 中的全部指令。其特点是结构简单、不带分支，一个程序块包含了系统的所有指令。由于所有的指令都在 OB1 中，循环扫描工作方式下每个扫描周期都要扫描执行所有的指令，即使某些部分代码在大多数时候并不需要执行，因此 CPU 效率低下，没有被充分利用。此外，如果要求多次执行相同或类似的操作，需要重复编写相同或类似的程序。线性化编程由于程序结构不清晰，会造成管理和调试的不方便，因此其只用于初学或者简单程序的编写，编写大型程序时应避免采用。

（2）模块化编程是将程序根据功能分为不同的逻辑块，在 OB1 中根据条件决定块的调用和执行。由于 OB1 只在需要的时候才根据条件调用相关的程序块，而不是在每次循环中所有的块都执行，因此 CPU 的效率得到了提高。在模块化编程中，控制任务被分成不同的块，它们之间没有冲突，易于多人同时编程；被调用块和调用块之间没有数据交换，便于程序的调试。

（3）结构化编程是将控制要求类似或相关的任务归类，形成通用的解决方案，在相应的程序块中编程。可以在 OB1 中或其他程序块中调用。该程序块编程时采用形式参数，可以通过不同的实际参数调用相同的程序块。采用结构化编程时，被调用块和调用块之间有数据交换，需要对数据进行管理。结构化编程必须对系统功能进行合理的分析、分解和综合，对编程人员要求较高。相比模块化编程，结构化编程提高了程序的可重用性，进一步提高了 CPU 的效率。采用结构化编程的程序结构清晰，调试方便，通过传递参数实现程序块的重复调用，因此在结构化编程中要注重参数的设置，即进行正确的变量声明。

（三）S7-300 PLC 的功能与功能块

1. 功能和功能块的创建

在 S7-300 PLC 用户程序中的逻辑块中，功能与功能块是需要编程者根据控制需求自行创建的。创建功能和功能块与创建其他逻辑块是相似的，首先在 STEP 7 SIMATIC Manager 中打开项目，然后选择"插入"→"S7 块"选项，选择功能或功能块 [如图 7-1（a）所示]，也可以在右侧窗口中单击鼠标右键，在弹出菜单的"插入新对象"子菜单中选择功能或功能块 [如图 7-1（b）所示]，然后在弹出的功能或功能块属性窗口中选择编程语言，就可以在右侧窗口生成功能或功能块图标。双击功能或功能块图标，即可进入编程界面进行编程。除了常用的编程语言梯形图、语句表和功能块图之外，功能块还可以使用 S7 GRAPH 进行顺序控制编程。

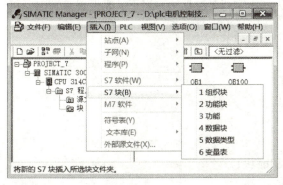
(a)

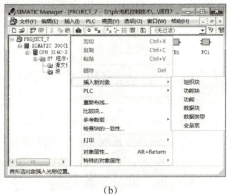
(b)

图 7-1　创建块

功能和功能块由变量声明段、代码段及块属性等组成。编辑功能或者功能块时，首先要进行变量声明。在变量声明中，可指定参数、参数的系统属性以及块专用局部变量。在代码段中，对将要由可编程控制器进行处理的块代码进行编程。它可由一个或多个程序段组成。块属性包含其他附加的信息，例如由系统输入的时间标记或路径。此外，也可输入自己的详细资料，例如名称、系列、版本以及作者，还可为这些块分配系统属性。

功能和功能块的变量都包括输入变量 IN、输出变量 OUT、输入/输出变量 IN_OUT 和临时变量 TEMP。此外，功能块还包含静态数据 STAT，功能可包含返回值 RET_VAL。

（1）输入变量用于将数据从调用块传递到被调用块；

（2）输出变量用于将被调用块的执行结果返回给调用块；

（3）输入/输出变量的初始值由调用块提供，被调用块执行后通过同一输入/输出变量将结果返回给调用块；

（4）临时变量只在执行被调用块时保存在局部数据区中，当执行完毕后，它可能被别的临时数据覆盖；

（5）静态变量在功能块执行完到下一次执行之间一直保持不变；

（6）返回值可以看作功能的一个特定的输出变量，其变量名不可改变。

功能和功能块最根本的区别在于有无静态变量，功能块的静态变量用背景数据块来保存，而功能则没有背景数据块。因此在执行后需要保存必要数据时，应该选用功能块，如果在执行后不需要保存数据，选用功能可以节省数据存储空间。

创建好的功能或功能块会以逻辑框的形式出现在编程界面总览区。

2. 功能和功能块的调用

当创建好功能或功能块后，功能或功能块虽然会出现在编程界面总览区，但并没有自动成为用户程序中真正被执行的一部分，还需要在用户程序中调用功能或功能块才能参与程序扫描过程。

在使用梯形图编程时，可直接从编程界面总览区将需要的功能或功能块直接拖放到右边的程序区，相应的程序段会生成所调用的逻辑框，根据需要对相关的变量进行实参赋值即可正常使用。调用功能块时必须为其指定背景数据块。当不需要设置参数时，可采用程序控制指令 CALL 线圈调用功能，这样较为简单方便。

（四）相关专业术语

OB：Organization Block，组织块；

FC：Function，功能；

FB：Function Block，功能块；

SFC：System Function，系统功能；

SFB：System Function Block，系统功能块；

DB：Data Block，数据块；

DI：Instance Data Block，背景数据块；

UDT：User-defined Data Type，用户定义数据类型；

Programming Language：编程语言；

Program Structure：程序结构；

Editing Method：编辑方法；

Block Property：块属性；

Initial Value：初始值；

Multiple Instances：多重背景。

二、计划

根据项目需求，编制输入/输出分配表，绘制 PLC 控制系统电路图，按控制要求编写控制程序并进行仿真调试，完成 PLC 控制系统电路的连接，下载程序到 PLC 并运行，实现所要求的控制功能。

按照通常的 PLC 控制系统程序编写及硬件装调工作流程制定计划，见表 7-2。

表 7-2 应用功能与功能块控制多台设备的工作计划

序号	项目	内容	时间/min	人员
1	编制输入/输出分配表	确定所需要的输入/输出点数并分配具体用途，编制输入/输出分配表（需提交）	5	全体人员
2	绘制 PLC 控制系统电路图	根据输入/输出分配表绘制 PLC 控制系统电路图	15	全体人员
3	连接 PLC 控制系统电路	根据电路图完成电路连接	20	全体人员
4	编写 PLC 控制系统程序	根据控制要求编写 PLC 控制系统程序	25	全体人员
5	PLC 控制系统程序仿真运行	使用 S7-PLCSIM 仿真运行 PLC 控制系统程序	10	全体人员
6	下载 PLC 控制系统程序并运行	把 PLC 控制系统程序下载到 PLC，实现所要求的控制功能	5	全体人员

三、决策

按照表 7-2 所示的工作计划，项目小组全体成员共同确定输入/输出分配表，然后分两个小组分别实施系统程序编写及硬件装调全部工作，合作完成任务并提交项目评价表。

四、实施

项目的实施必须在保证安全的前提下进行，应提前建立并熟悉项目检查事项及评价要素，在实施过程中予以充分重视，以确保项目顺利进行。

（一）编制输入/输出分配表

按照控制要求，输入元件包括一个启动按钮和一个停止按钮，输出元件为 9 个中间继电器（线圈），用于控制 3 台电动机的接触器。输入/输出分配表见表 7-3。

表 7-3 输入/输出分配表

输入			输出		
地址	元件符号	元件名称	地址	元件符号	元件名称
I0.0	SB1	停止按钮	Q0.0~Q0.5	KA1~KA6	中间继电器 1~6
I0.1	SB2	启动按钮	Q1.0~Q1.2	KA7~KA9	中间继电器 7~9

（二）绘制 PLC 控制系统电路图

根据控制需求，绘制 PLC 控制系统电路图，如图 7-2 和图 7-3 所示。

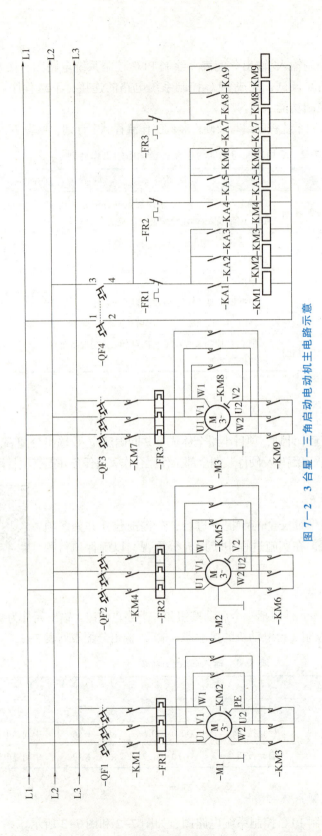

图7-2 3台星—三角启动电动机主电路示意

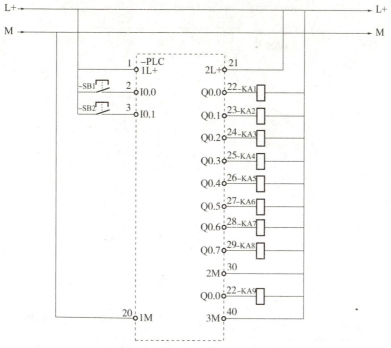

图 7-3　3 台星—三角启动电动机组合工作 PLC 控制电路示意

（三）连接 PLC 控制系统电路

按工艺规范完成 PLC 控制系统电路的连接。PLC 控制系统电路的连接主要需考虑元器件的布置安装、导线线径与颜色的选择、接线端子的选择与制作、线号标识的制作与排列，最终实现器件布局间距合理、安装稳固可靠、布线整齐有序、松紧适宜、接线规范牢固、标识清晰明确。

（四）编写 PLC 控制系统程序

1. 任务分析

根据控制要求，3 台电动机均采用星—三角启动方式，因此可用功能来实现星—三角启动，OB1 按照需要调用该功能即可控制每台电动机的正常工作。此外，3 台电动机的组合工作方式在逻辑上也恰好与星—三角切换相同，因此也可以通过功能调用来实现。

2. 创建符号表

根据输入/输出分配表及控制需求，编辑符号表，如图 7-4 所示。

3. 创建功能 FC1

打开 STEP 7 SIMATIC Manager，在项目中插入一个功能 FC1，选择编程语言为 LAD。双击 FC1 图标，进入编程界面。选择程序编辑窗口上边界并向下拖动到合适的位置，可以看到功能接口变量设置窗口，如图 7-5 所示。

根据控制要求，分别设置 FC1 的输入变量和输出变量，如图 7-6 所示。分析可知，星—三角控制需要启动、停止、定时器、定时时间 4 个输入变量和 3 个布尔输出变量。设置输入/输出变量时要注意变量名称应能简明指示变量的含义，同时也要根据变量的作用正确设置变量类型。

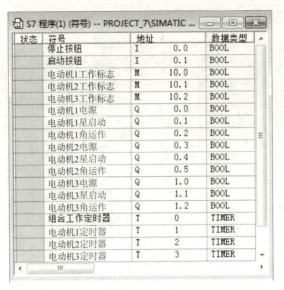

图 7-4 符号表

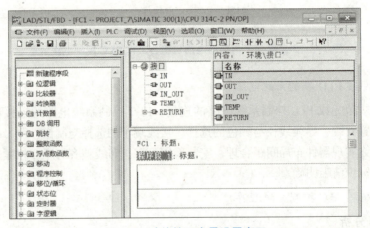

图 7-5 功能接口变量设置窗口

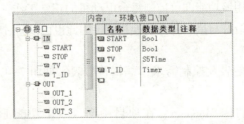

图 7-6 设置 FC1 的输入变量和输出变量

设置好输入/输出变量后,即可以根据控制要求编写功能的程序段,功能程序段的编写方法与在 OB1 中编写程序段的方法是一样的。稍有不同的地方是,在编写功能的程序段时,符号地址要选择功能中定义的变量名称,而不是符号表中的外部符号地址。由于在选择时这两者都会出现,因此要避免选择错误。此外,尽量不要在功能的程序段中使用绝对地址,这样会降低功能的通用性。

本项目中的功能分为 3 个阶段,采用 3 个程序段就可以实现所需的功能。第一阶段为启动阶段,采用置位指令实现两个布尔变量的置位和定时器的启动;第二阶段为延时切换阶段,由定时器控制一个布尔变量的复位和另一个布尔变量的置位;第三阶段为停止阶段,所有布尔变量和定时器复位。为了增加可读性,可为功能的程序段添加适当的注释。编写好的功能程序段如图 7-7 所示。功能的程序段编写好之后需要保存才能生效。

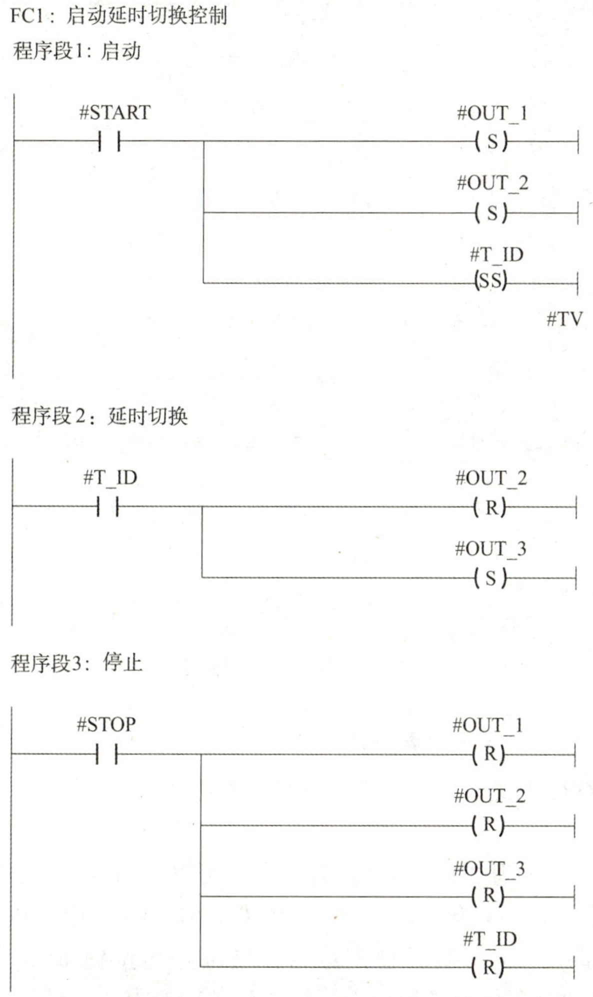

FC1:启动延时切换控制
程序段1:启动

```
    #START              #OUT_1
─────┤├─────────────────( S )──

                        #OUT_2
                        ─( S )──

                        #T_ID
                        ─(SS)──
                        #TV
```

程序段2:延时切换

```
    #T_ID               #OUT_2
─────┤├─────────────────( R )──

                        #OUT_3
                        ─( S )──
```

程序段3:停止

```
    #STOP               #OUT_1
─────┤├─────────────────( R )──

                        #OUT_2
                        ─( R )──

                        #OUT_3
                        ─( R )──

                        #T_ID
                        ─( R )──
```

图 7-7 功能的程序段

4. 在 OB1 中调用功能 FC1

功能编写完成之后,双击 OB1 开始编写 OB1 的程序段。在编程界面总览区,可以看到 FC 块下增加了一个 FC1,这就是编写好的功能。拖动 FC1 到程序段 1 的支路上,功能 FC1 以一个功能框的形式出现在程序编辑窗口,事先定义好的输入变量名称出现在功能框的左侧,输出变量出现在功能框的右侧。在程序编辑窗口选择 FC1,按 F1 键,可以看到调用功能的基本介绍。当功能的 EN 端为"1"时,功能被调用。

根据需要，为每一个输入变量和输出变量分配所需的地址，即可完成在 OB1 中对 FC1 的调用（如图 7-8 所示）。本项目中，3 台电动机的星—三角控制需要分别调用一次 FC1，3 台电动机的组合工作也可以通过一次 FC1 的调用来实现，因此 OB1 中只需要调用 4 次 FC1 就可以实现全部控制要求。相比较采用一般的方法直接编程，OB1 的可读性明显增强，可修改性也大大提高，充分显示了调用功能的优越性。

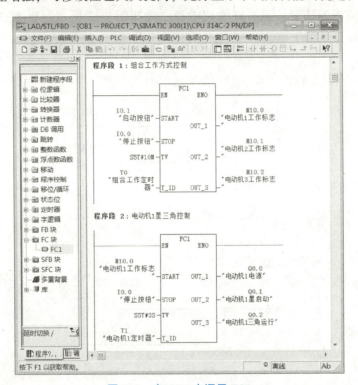

图 7-8 在 OB1 中调用 FC1

（五）PLC 控制系统程序仿真运行

完成 FC1 和 OB1 的编程后，打开 S7-PLCSIM，把系统数据和 OB1、FC1 下载到 S7-PLCSIM。

置位启动按钮 I0.1 为 "1" 并复位为 "0"，可以看到电动机 1 和电动机 2 首先启动运行，按照各自的星—三角定时时间进行切换；10 min 后电动机 2 停止，电动机 3 启动运行，经过星—三角切换后稳定运行；置位停止按钮 I0.0 为 "1" 并复位为 "0"，可以看到电动机全部停止运行，控制达到预期要求。在仿真过程中，可以根据需要分别监视 OB1 和 FC1 以了解运行的详细状态。

OB1 仿真与运行监控如图 7-9 所示，FC1 仿真与运行监控如图 7-10 所示。

（六）下载 PLC 控制系统程序运行

通过仿真检查，确认程序编写无误后，连接编程计算和 PLC，把程序下载到 PLC 中。在运行 PLC 控制系统程序前，要确认所有电路已正确连接，电源状态正常，所有开关处于正确位置。在运行 PLC 控制系统程序时，观察中间继电器动作是否正确。设备发生意外情况时要及时切断电源以确保安全。

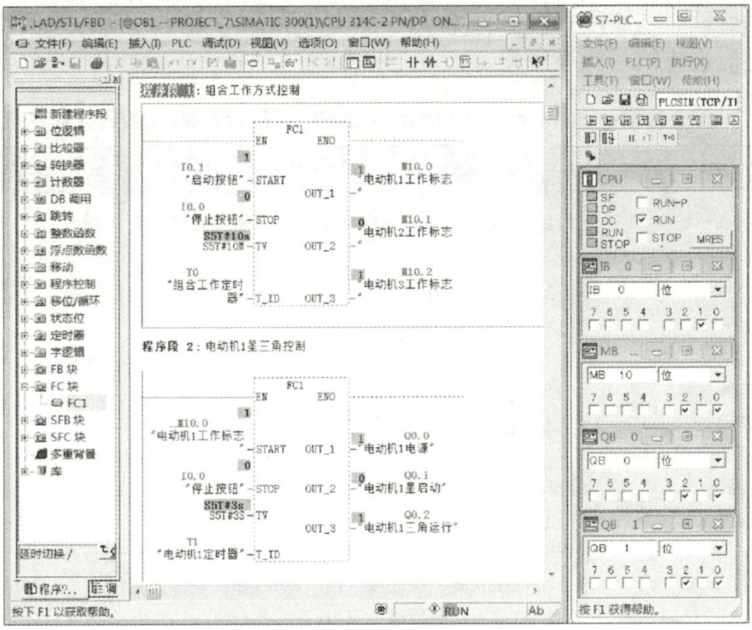

图 7-9　OB1 仿真与运行监控

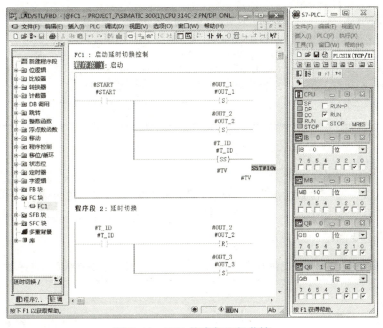

图 7-10　FC1 仿真与运行监控

五、检查

本项目的主要任务是：根据控制需求及给定的元器件，编写输入/输出分配表，绘制 PLC 控制系统电路图，连接 PLC 控制系统电路，编写调试 PLC 控制系统程序，最终实现预期的控制功能。

根据本项目的具体内容，设置表7-4所示的检查评分表，在实施过程和终结时进行必要的检查并填写检查评分表。

表7-4　3台星—三角启动电动机组合工作PLC控制系统程序项目检查评分表

项目	分值	评分标准	检查情况	得分
编制输入/输出分配表	10分	1. 所有输入地址编排合理，节约硬件资源，元件符号与元件作用说明完整，得5分； 2. 所有输出地址编排合理，节约硬件资源，元件符号与元件作用说明完整，得5分		
绘制PLC控制系统电路图	10分	1. 电路图元件齐全，标注正确，得5分； 2. 电路功能完整，布局合理，得5分		
连接PLC控制系统电路	10分	1. 安全违章，扣10分； 2. 安装不达标，每项扣2分		
编写PLC控制系统程序	50分	1. 功能正确，程序段合理，得30分； 2. 符号表正确完整，得10分； 3. 绝对地址、符号地址显示正确，程序段注释合理，得10分		
PLC控制系统程序仿真运行	10分	1. S7-PLCSIM打开正确，下载正常，得5分； 2. 仿真操作正确，能正确仿真运行程序，得5分		
下载PLC控制系统程序运行	10分	1. 程序下载正确，PLC指示灯正常，得5分； 2. 程序运行操作正确，能实现预定功能，得5分		
合计	100分			

六、评价

根据项目实施、检查情况及答复项目甲方质询情况，填写评价表。评价分为自评和他评，见表7-5和表7-6。评价的主要内容应包括实施过程简要描述、检查情况描述、存在的主要问题和解决方案等。

表7-5　3台星—三角启动电动机组合工作PLC控制系统程序项目自评表

表7-6 3台星—三角启动电动机组合工作PLC控制系统程序项目他评表

签名：
日期：

实践练习

一、资讯（项目需求）

某生产线上有4条并行的皮带，具有对工件分拣的功能。当分拣的合格工件数量达到预设值时，皮带停止运行，需要复位后重新启动。请采用功能块进行编程，根据控制要求完成以下任务：

（1）确定输入/输出分配表；
（2）完成PLC控制系统电路图；
（3）完成PLC控制系统电路连接；
（4）完成PLC控制系统程序编写；
（5）完成PLC控制系统程序仿真运行；
（6）完成PLC控制系统程序下载并运行。

二、计划

4条分拣皮带并行工作功能块控制项目工作计划见表7-7。

表7-7 4条分拣皮带并行工作功能块控制项目工作计划

序号	项目	内容	时间	人员
1				
2				
3				
4				
5				
6				

三、决策

4条分拣皮带并行工作功能块控制项目决策表见表7-8。根据任务要求和资源、人员的实际配置情况,按照表7-7所示的工作计划,采取项目小组的方式开展工作,小组内实行分工合作,每位成员都要完成全部任务并提交项目评价表。

表7-8 4条分拣皮带并行工作功能块控制项目决策表

签名:
日期:

四、实施

(一)输入/输出分配表(见表7-9)

表7-9 输入/输出分配表

输入			输出		
地址	元件符号	元件名称	地址	元件符号	元件名称

(二)PLC控制系统电路图

(三) PLC 控制系统程序

4 条分拣皮带并行工作功能块控制项目实施记录表见表 7-10。

表 7-10　4 条分拣皮带并行工作功能块控制项目实施记录表

签名：
日期：

五、检查

4 条分拣皮带并行工作功能块控制项目检查评分表见表 7-11。

表 7-11　4 条分拣皮带并行工作功能块控制项目检查评分表

项目	分值	评分标准	检查情况	得分
编制输入/输出分配表	10 分	1. 所有输入地址编排合理，节约硬件资源，元件符号与元件作用说明完整，得 5 分； 2. 所有输出地址编排合理，节约硬件资源，元件符号与元件作用说明完整，得 5 分		
绘制 PLC 控制系统电路图	10 分	1. 电路图元件齐全，标注正确，得 5 分； 2. 电路功能完整，布局合理，得 5 分		
连接 PLC 控制系统电路	10 分	1. 安全违章，扣 10 分； 2. 安装不达标，每项扣 2 分		

续表

项目	分值	评分标准	检查情况	得分
编写 PLC 控制系统程序	50 分	1. 功能正确，程序段合理，得 30 分； 2. 符号表正确完整，得 10 分； 3. 绝对地址、符号地址显示正确，程序段注释合理，得 10 分		
PLC 控制系统程序仿真运行	10 分	1. S7-PLCSIM 打开正确，下载正常，得 5 分； 2. 仿真操作正确，能正确仿真运行程序，得 5 分		
下载 PLC 控制系统程序运行	10 分	1. 程序下载正确，PLC 指示灯正常，得 5 分； 2. 程序运行操作正确，能实现预定功能，得 5 分		
合计	100 分			

六、评价

4 条分拣皮带并行工作功能块控制项目自评表和他评表见表 7-12 和表 7-13。

表 7-12　4 条分拣皮带并行工作功能块控制项目自评表

签名：
日期：

表 7-13　4 条分拣皮带并行工作功能块控制项目他评表

签名：
日期：

单按钮控制程序如图 7-11 所示,请将其改写为功能块并实现 4 个电磁阀的单按钮控制。

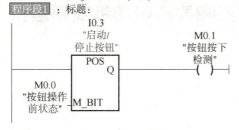

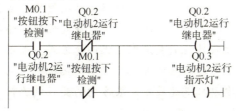

图 7-11　单按钮控制程序

请根据控制要求完成以下任务:

(1) 确定输入/输出分配表;
(2) 完成 PLC 控制系统电路图;
(3) 完成 PLC 控制系统电路连接;
(4) 完成 PLC 控制系统程序编写;
(5) 完成 PLC 控制系统程序仿真运行;
(6) 完成 PLC 控制系统程序下载并运行。

项目8　通过变频器面板操作控制三相异步电动机变频运行

在实际应用中,绝大多数机械设备采用的动力来源是电动机,其中又以三相交流异步电动机占据主流。三相交流异步电动机以其结构简单、运行可靠等优点获得广泛应用,但在调速方面存在技术瓶颈,不但影响设备的性能,还因能量转换效率低导致经济指标不甚理想。相比较传统的交流电动机调速方式,采用变频调速不但机械特性好,而且调速范围大,能量转换效率高,还可以简化机械传动链。随着电力电子技术的飞速发展,代表交流电动机调速技术发展方向的变频调速技术已得到越来越普遍的应用。

一、资讯

(一) 项目需求

A工厂在设备的升级改造中需增加一台额定容量为1.5 kW的Y90S-2三相异步电动机。该电动机在运行时,其转速不超过额定转速2 840 r/m,过载能力为SLD,拟采用变频器进行调速控制以减少电能消耗。试根据给定的控制要求选择合适的变频器型号并完成以下任务:

(1) 绘制变频器主电路图;
(2) 完成变频器与电动机的主电路连接;
(3) 通过变频器面板操作完成电动机的试运行。

(二) 变频调速基本原理

普通交流异步电动机的定子绕组在通入交流电之后,会产生一个旋转磁场。通过电磁感应作用,这个旋转磁场会使电动机转子中产生一个感应电流。根据电磁力定律,载流导体在磁场中会受到电磁力的作用,作用在转子载流导体上的电磁力将使转子受到一个力矩,称为电磁转矩。在电磁转矩的作用下,电动机转子旋转,从而实现电能到旋转机械能的转换。

通过分析普通交流异步电动机的工作过程可知,旋转磁场的旋转方向和旋转速度直接影响普通交流异步电动机的运动状态。因此，改变旋转磁场的转向和转速可以方便地改变交流异步电动机的转向和转速。由于旋转磁场的转速是由通入定子绕组的交流电频率决定的，因此这种改变交流电动机工作电源频率的调速方式称为变频调速。

改变交流异步电动机的电源频率是一种很好的调速方式，但出于经济方面的考虑，我们所使用的电网频率是不允许轻易波动的，因此如何使电动机获得特定频率的交流电成为变频调速的关键。

根据主电路形式的不同，变频器可分为交-直-交和交-交两种类型。交-直-交变频器首先把电网的工频交流通过整流电路变换成直流，然后通过逆变电路把直流变换成特定频率的交流；交-交变频器是直接把工频的交流变换成特定频率的交流。目前使用的变频器绝大多数是交-直-交变频器。

在交-直-交变频器中，常采用正弦脉宽调制（SPWM）的方法获得特定频率的交流。所谓正弦脉宽调制，指的是把所期望的正弦波的周期分为若干个采样间隔，对应输出若干个宽窄不同的矩形脉冲波，使每个采样间隔输出的矩形波面积与对应的正弦波面积相等。由面积等效原理可知，冲量相等而形状不同的窄脉冲加在惯性环节上时，其对惯性环节产生的效果基本相同。由于电动机属于典型的惯性环节，因此，对于同一台电动机，分别加载正弦波和与之对应的正弦脉宽调制波，电动机的运动状态基本相同。正弦脉宽调制波如图8-1所示，随着正弦波的变化，对应的正弦脉宽调制波幅值不变，但脉冲的宽度（包括相位角和导通角）发生了改变。

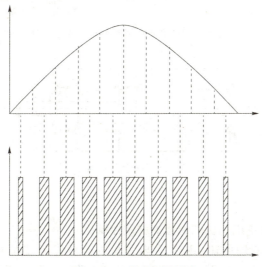

图8-1 正弦脉宽调制波

正弦脉宽调制波可通过硬件电路或软件编程的方式获得，随着计算机控制技术的发展，使用软件生成正弦脉宽调制波变得越来越容易。常见的通过三角波载波和正弦调制波获得正弦脉宽调制波的模拟电路如图8-2所示。

在正弦脉宽调制波调制过程中，调制波为基准正弦波，其频率即预期所需的交流频率。虽然基准正弦波具有预期所需要的频率，但因其不具有足够的能量，并不能直接用于驱动电动机。三角波作为载波，其频率通常远高于基准正弦波的频率。通过比较器对三角波和基准正弦波进行比较，在交点处改变输出脉冲的状态，从而获得与基准正弦波对应的正弦脉宽调制波。这个正弦脉宽调制波作为变频器主电路中的逆变触发信号，对功率开关器件的通断进行控制，保证变频器输出给电动机满足需要的正弦脉宽调制波电压。变频器输出的正弦脉宽调制波电压在电动机绕组电感的作用下，最终会在电动机定子绕组中产生近似正弦波的电流，驱动电动机按照预期的转速运行。改变基准正弦波的频率和幅值，就可以改变变频器最终输出的频率和电压，实现交流电动机的变频调速。交-直-交变频器主电路如图 8-3 所示。

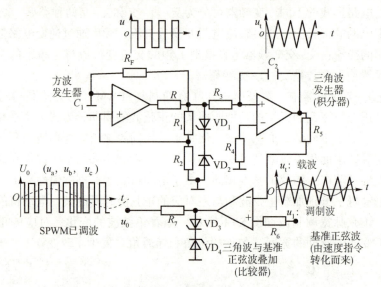

图 8-2 常见的通过三角波载波和正弦调制波获得正弦脉宽调制波的模拟电路

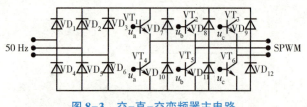

图 8-3 交-直-交变频器主电路

（三）变频调速控制方式

1. 变频调速过程中电动机磁通量的稳定控制

从电动机的工作原理可知，磁场在电动机的能量传送过程中起着非常关键的作用。电动机的工作磁场通常设置在磁化曲线的膝点附近，既保证电动机能传送足够的能量，又不至于因铁芯过饱和使励磁电流过大而产生不必要的温升。在交流电动机进行变频调速时，如果变频器输出频率降低但输出电压保持不变，电动机的磁通将会增加，铁芯进入过饱和状态，此时电动机的励磁电流和铁芯损耗将大大增加，导致电动机温升过高，这是电动机安全运行所不允许的。因此在变频调速的同时，为保持电动机磁通基本不变，保证电动机能可靠稳定运行，必须同时改变变频器的输出电压和输出频率，这就是通常所说的 VVVF 变频调速。

2. 基频以下变频调速

变频调速时，通常称电动机的额定运行频率为基频。根据电动机实际运行频率的范围，可分为基频以下变频调速和基频以上变频调速。基频以下变频调速常用于恒转矩负载，在降低频率的同时，降低输出电压，以保持电动机主磁通恒定或基本恒定。这种变频调速方式机械特性较硬，不但调速范围宽、平滑性好，而且稳定性好，效率较高。

3. 基频以上变频调速

在基频以上进行变频调速时，虽然运行频率高于基频，但是变频器的输出电压并不会高于电动机的额定电压，只能保持输出电压为额定电压不变。因此，输出频率越高，电动机主磁通越小，电动机处于一种弱磁升速的状态，此时电动机的输出功率近似恒定，适用于恒功率负载。

（四）变频器的主要使用注意事项

变频器作为一种大功率电子设备，在使用中不但容易受到外界的影响，也会对电网及周边设备产生一定影响。因此，为了充分发挥变频器的功用、延长变频器的使用寿命，在使用中应注意以下几个方面。

变频器应在允许的环境下工作，环境温度应符合变频器运行要求，无腐蚀性气体，无振动和冲击，安装间距满足通风散热需求，确保变频器的工作温度不超过允许范围。

变频器在工作过程中会产生高次谐波，对电网和周边的设备会产生电磁波干扰。因此，变频器周边仪表设备应选用金属外壳并保持适当的间距，所有元器件均应可靠接地。除此之外，各电气元件、仪器及仪表之间的连线应选用屏蔽控制电缆，且屏蔽层应接地，以尽量减小或屏蔽变频器对仪表设备的干扰。根据需要，变频器的输入端和输出端可连接电抗器、电容器，以消除高次谐波的不利影响。此外，变频器还应做好防雷接地等安全保护措施。

变频器的主电路包含大容量电容等储能元件，因此当变频器断电时其主电路仍然有电，不能马上对其进行接线拆线等操作，通常需要在断开电源 10 min 之后并检测其剩余电压已下降到安全限值之内才可进行相关操作。

（五）相关专业术语

AC：Alternating Current，交流电；

DC：Direct Current，直流电；

VVVF：Variable Voltage and Variable Frequency，改变电压、改变频率，变压变频；

SPWM：Sinusoidal（Sine）Pulse Width Modulation，正弦脉宽调制；

Frequency Inverter（Converter、Changer）：变频器；

Panel：仪表盘，面板；

Unit：单元，装置；

Operation：操作；

Mode：模式；

EXT：external，外部；
FWD：forward，正转；
REV：reverse，反转；
Error：错误；
Parameter：参数；
SLD/LD/ND/HD：Super Light Duty/Light Duty/Normal Duty/Heavy Duty，超轻负荷/轻负荷/额定负荷/重负荷。

二、计划

根据项目需求，选择合适的变频器，绘制变频器主电路图，完成变频器与电动机的主电路连接，最后通过变频器面板操作完成电动机的试运行，实现所预期的变频控制功能，为下一步进行电动机的变频调速自动控制做好准备。

按照项目工作流程，制定表 8-1 所示的工作计划。

表 8-1　通过变频器面板操作控制三相异步电动机变频运行的工作计划

序号	项目	内容	时间/min	人员
1	选择变频器	根据电动机运行要求选择合适的变频器	10	全体人员
2	绘制变频器主电路图	绘制变频器主电路图	20	全体人员
3	连接变频器与电动机的主电路	根据电路图完成电路连接	20	全体人员
4	进行变频器面板操作	根据要求完成变频器面板操作	30	全体人员

三、决策

按照工作计划，项目小组全体成员共同确定所有工作任务，其中变频器面板操作要根据需要分别完成并提交项目评价表。

四、实施

项目的实施必须在保证安全的前提下进行，应提前建立并熟悉项目检查事项及评价要素，在实施过程中予以充分重视，以确保项目顺利进行。本项目的连接主电路任务要求合理使用工具，正确选用导线，按工艺要求完成任务，确保电路安全可靠运行。

（一）选择变频器

本项目中，需进行变频调速控制的三相异步电动机的型号为 Y90S-2，其额定容量为 1.5 kW，在运行时，其转速不超过额定转速 2 840 r/m，过载能力为 SLD。因此，可确定该电动机的额定电压为三相 380 V，额定频率为 50 Hz，额定功率为 1.5 kW，两极，额定转速为 2 840 r/m，采用基频以下变频调速。根据这些信息，可选用三菱 A700 系列型号为 FR-A740-0.75K-CHT 的变频器对该电动机进行变频调速。

(二) 绘制变频器主电路图

根据控制需求可知，该变频器采用三相交流 380 V 电源，由于电动机功率较小，主电路中可不采取平波抑噪措施，直接使用小型空气断路器通断电源。变频器和电动机均进行保护接地。电动机变频调速主电路示意如图 8-4 所示。

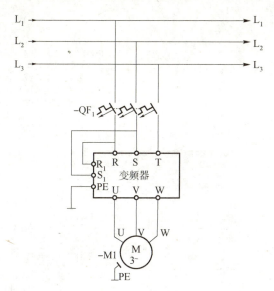

图 8-4　电动机变频调速主电路示意

(三) 连接变频器与电动机的主电路

按工艺规范完成电路的连接。电路的连接主要需考虑元器件的布置安装、导线线径与颜色的选择、接线端子的选择与制作、线号标识的制作与排列，最终实现元器件布局间距合理、安装稳固可靠、布线整齐有序、松紧适宜、接线规范牢固、标识清晰明确。电动机电源端连接至变频器的 U、V、W 端，根据需要调整相序。变频器工作本身需要的控制电源是从变频器 R、S 端连接导线至 R1、S1 端获得的。

(四) 变频器面板操作

1. 变频器面板

在使用一个元器件或者设备之前，往往需要查阅这个器件或设备的相关技术资料。查阅技术资料通常的方法是首先查看技术资料目录，确定是否有需要查阅的内容，然后查阅安全注意事项，之后根据需要查阅具体的内容。

查阅三菱 A700 系列变频器使用手册可知，三菱 A700 系列变频器面板如图 8-5 所示，包括 4 位 LED 监视器、多个指示灯、M 旋钮和 6 个按键。4 位 LED 监视器用于显示电动机运行时的频率、电压、电流以及参数，各种异常情况显示代码等信息。指示灯用于指示电动机和运行模式转动方向。M 旋钮可用于设置参数、修改频率。6 个按键分别为 PU/EXT 键、FWD 键、REV 键、MODE 键、SET 键以及 STOP/RESET 键。MODE 键用于切换设定模式，三菱 A700 系列变频器共有 3 种设定模式，分别是监视器/频率设定模式、参数设定模式和报警历史模式，每按一次 MODE 键就切换一个模式；PU/EXT 按键用于切换 PU 本地运行模式和 EXT 外部运行模式；FWD 键、

REV 键和 STOP 键用于电动机的正/反转的启/停控制，SET 键用于确定设置值或切换监视器显示内容。

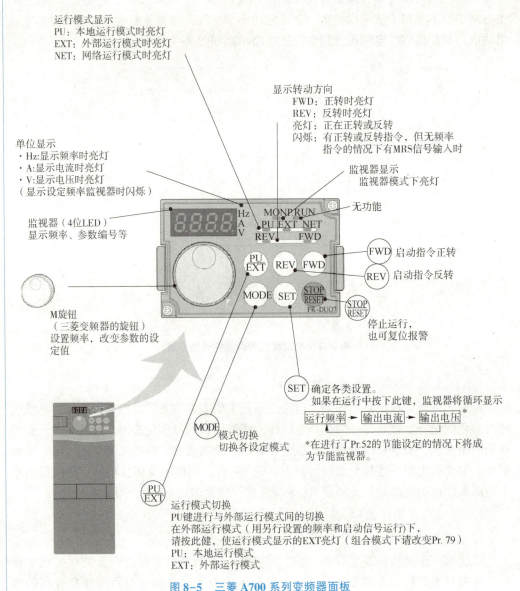

图 8-5　三菱 A700 系列变频器面板

2. 修改参数设定值

在使用变频器之前，需要根据使用要求进行变频器参数设置。变频器参数定义可参考变频器使用手册。按照图 8-6 所示进行参数设置，把参数 1 定义的上限频率修改为 50 Hz。其余参数的设置方法与此相同。在修改参数时，一般首先把参数 Pr.77 修改为 0，把参数 Pr.79 修改为 1，以免出现错误报警。为了避免变频器内留存的参数值不适应当前控制的需要，可以把参数 ALLC 设置为 1 将参数全部清除，然后根据需要设置必要的参数。完成所需的参数修改后把参数 Pr.77 修改为 1，以防止无关人员随意修改参数。

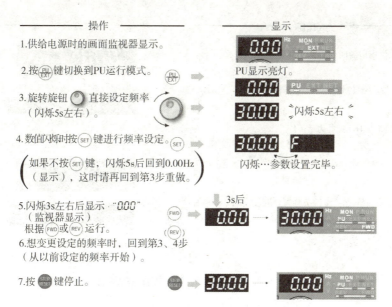

图 8-6　三菱 A700 系列变频器参数设置操作

3. 使用 M 旋钮设定电动机的运行频率

按照图 8-7 所示设置电动机的运行频率为 30 Hz，并让电动机进行正/反转运行。

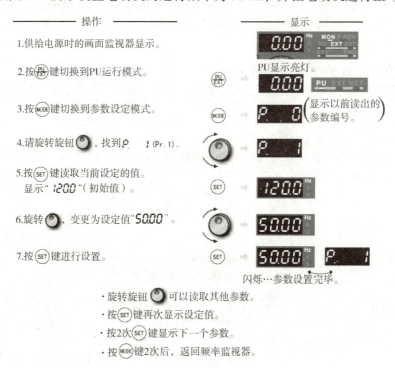

图 8-7　使用 M 旋钮设定电动机的运行频率

4. 使用 M 旋钮实时改变电动机的运行频率

按照图 8-8 所示，在电动机运行过程中使用 M 旋钮实时调整电动机的运行频率。

操作		显示	
1. 供给电源时的画面监视器显示。			
2. 按 (PU/EXT) 键切换到PU运行模式。		PU显示亮灯。	
3. 将Pr.161变更为"1"。			
4. 按 (FWD) 或 (REV) 键运行变频器。			
5. 旋钮旋转 调节到"50.00", 闪烁的频率数将成为设定值。不需要按 (SET) 键。		 闪烁5s左右。	

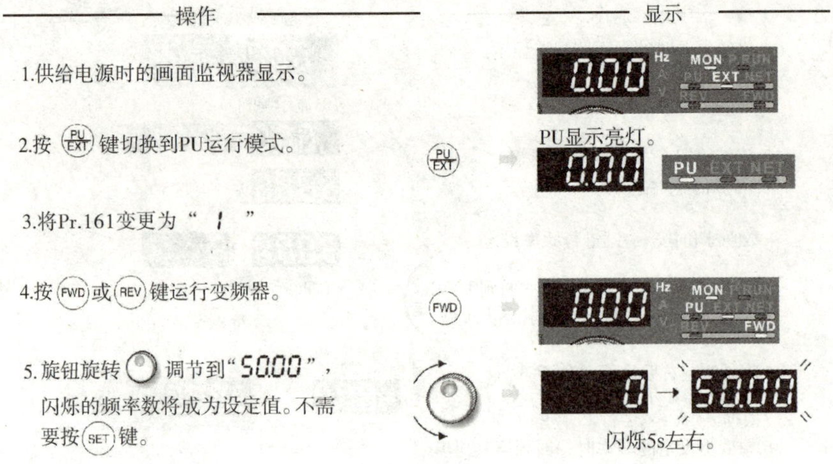

图 8-8 使用 M 旋钮实时改变电动机的运行频率

五、检查

本项目的主要任务是：根据给定的控制要求选择合适的变频器，绘制变频器主电路图，完成变频器与电动机主电路的连接并通过变频器面板操作完成电动机的试运行。

根据本项目的具体内容，设置表 8-2 所示的检查评分表，在实施过程和终结时进行必要的检查并填写检查评分表。

表 8-2 通过变频器面板操作控制三相异步电动机变频运行项目检查评分表

项目	分值	评分标准	检查情况	得分
选择变频器	10 分	1. 选择的变频器满足控制需求，经济可行，得 5 分； 2. 能合理解释选择的参数，得 5 分		
绘制变频器主电路图	20 分	1. 电路图元件齐全，标注正确，得 5 分； 2. 电路功能完整，布局合理，得 5 分		
连接变频器与电动机主电路	20 分	1. 安全违章，扣得 10 分； 2. 安装不达标，每项扣 2 分		
修改参数设定值	10 分	能根据需要正确修改参数设定值，得 10 分		
使用 M 旋钮设定电动机运行频率	20 分	1. 能正确设置操作所需的参数，得 5 分； 2. 能实现所要求的操作，得 15 分		
使用 M 旋钮实时改变电动机的运行频率	20 分	1. 能正确设置操作所需的参数，得 5 分； 2. 能实现所要求的操作，得 15 分		
合计	100 分			

六、评价

根据项目实施、检查情况及答复项目甲方质询情况，填写评价表。评价分为自评和他评，见表8-3和表8-4，评价的主要内容应包括实施过程简要描述、检查情况描述、存在的主要问题和解决方案等。

表 8-3　通过变频器面板操作控制三相异步电动机变频运行项目自评表

| |
| |
| 签名：
日期： |

表 8-4　通过变频器面板操作控制三相异步电动机变频运行项目他评表

| |
| |
| 签名：
日期： |

实践练习

一、资讯（项目需求）

某公司生产线改造，其中一台选料电动机拟采用变频控制。该电动机的型号为Y80M2-4，额定功率为0.75 kW，大额定转速为1 390 r/m，过载能力为SLD。因公司现有数量较多的西门子变频器在用，为节约备件成本，准备继续采用西门子变频器。试根据给定的控制要求选择合适的变频器型号并完成以下任务：

（1）绘制变频器主电路图；
（2）完成变频器与电动机主电路的连接；
（3）通过变频器面板操作完成电动机的试运行。

二、计划

某公司生产线选料电动机变频控制项目工作计划见表8-5。

表 8-5　某公司生产线选料电动机变频控制项目工作计划

序号	项目	内容	时间	人员
1				
2				
3				
4				

三、决策

某公司生产线选料电动机变频控制项目决策表见表 8-6。根据任务要求和资源、人员的实际配置情况，按照工作计划，采取项目小组的方式开展工作，小组内实行分工合作，每位成员都要完成全部任务并提交项目评价表。

表 8-6　某公司生产线选料电动机变频控制项目决策表

签名：
日期：

四、实施

（一）选择变频器

选择变频器的参数见表 8-7。

表 8-7　选择变频器的参数

参数	电动机型号	变频器型号
电源相数		
电压		
额定功率		
转速范围（负载类型）		
过载能力		

(二) 绘制变频器主电路图

(三) 进行变频器面板操作

某公司生产线选料电动机变频控制项目实施记录表见表 8-8。

表 8-8　生产线选料电动机变频控制项目实施记录表

签名：
日期：

五、检查

某公司生产线选料电动机变频控制项目检查评分表见表 8-9。

表 8-9　某公司生产线选料电动机变频控制项目检查评分表

项目	分值	评分标准	检查情况	得分
选择变频器	10 分	1. 选择的变频器，满足控制需求，经济可行，得 5 分； 2. 能合理解释选择的参数，得 5 分		
绘制变频器主电路图	20 分	1. 电路图元件齐全，标注正确，得 5 分； 2. 电路功能完整，布局合理，得 5 分		
连接变频器与电动机主电路	20 分	1. 安全违章，扣 10 分； 2. 安装不达标，每项扣 2 分		
修改参数设定值	10 分	能根据需要正确修改参数设定值，得 10 分		

续表

项目	分值	评分标准	检查情况	得分
使用 M 旋钮设定电动机的运行频率	20 分	1. 能正确设置操作所需的参数，得 5 分； 2. 能实现所要求的操作，得 15 分		
使用 M 旋钮实时改变电动机的运行频率	20 分	1. 能正确设置操作所需的参数，得 5 分； 2. 能实现所要求的操作，得 15 分		
合计	100 分			

六、评价

某公司生产线选料电动机变频控制项目自评表和他评表见表 8-10 和表 8-11。

表 8-10　某公司生产线选料电动机变频控制项目自评表

签名：
日期：

表 8-11　某公司生产线选料电动机变频控制项目他评表

签名：
日期：

扩展提升

某车间有一台溶液搅拌电动机，型号为 Y112M-6，额定容量为 2.2 kW，额定转速为 940 r/m，过载能力为 ND。根据溶液温度需调整搅拌速度，拟采用台达变频器控制电动机转速，试根据给定的控制要求选择合适的变频器型号并完成以下任务：

(1) 绘制变频器主电路图；
(2) 完成变频器与电动机主电路的连接；
(3) 通过变频器面板操作完成电动机的试运行。

项目 9 应用多段速信号控制三相异步电动机变频运行

背景描述

在实际应用中,很多设备根据生产工艺的不同会要求具有若干种不同的运行速度,称为多段速运行。传统上通常采用齿轮换挡等机械变速的方式实现多段速运行,但这种方式会使设备体积较大、结构复杂,具有一定的局限性。采用变频调速可以很好地解决这个问题,无须增加或改造硬件设备,大大提高了设备运行的可靠性。采用变频调速进行多段速控制时,常通过 PLC 或其他控制器作为变频器的控制信号来源,以开关量信号作为启/停和速度信号,从而实现有限种速度的切换。这种方式具有控制可靠、抗干扰能力强等特点。

示范实例

一、资讯

(一)项目需求

项目 8 中的 Y90S-2 三相异步电动机根据设备工况需要,要求具有 11 种运行速度,对应的运行频率分别为 48 Hz、46 Hz、44 Hz、42 Hz、40 Hz、38 Hz、36 Hz、34 Hz、32 Hz、30 Hz、28 Hz。设备设有 11 个速度按钮和正转启动按钮、反转启动按钮以及停止按钮。该设备采用 S7-300 PLC 进行控制,变频器主电路已连接好,控制电路按钮、PLC 等元器件已准备好,请根据控制要求完成以下任务:

(1)确定输入/输出分配表;
(2)完成 PLC-变频器控制电路图;
(3)完成 PLC-变频器控制电路的连接;
(4)完成 PLC 控制系统程序编写;
(5)完成 PLC 控制系统程序下载并控制电动机变频运行。

(二)数字信号的源型逻辑与漏型逻辑

在使用 PLC 等控制器控制变频器时,需要根据控制要求把控制器和变频器的一些输入/输出信号连接起来。这些控制信号可能包括数字信号或模拟信号,在连接数字信号时必须匹配输入/输出端的逻辑类型才能保证信号正确连通。三菱变频器数字信号的逻辑类型包括源型逻辑和漏型逻辑。源型逻辑是指信号为高电平有效,当信号为"ON"时,电流从外部控制器的输出端子流入变频器的输入端子或从变频器的输出端子流入外部控制器的输入端子;漏型逻辑是指信号为低电平有效,当信号为"ON"时,电流从变频器的输入端子流入外部控制器的输出端子或从外部控制器的输入端子流入变频器的输出端子。三菱变频器的输入信号默认设定为漏型逻辑,如果外部控制器输出信号采用的是源型逻辑,需要把变频器内部的漏型逻辑(SINK)跳线接口切换为源型逻辑(SOURCE),如图 9-1 所示。

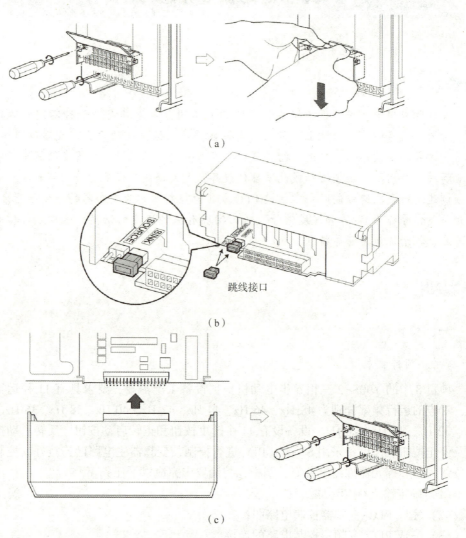

图 9-1 三菱变频器逻辑类型的切换

(a)松开控制回路端子板底部的两个安装螺丝(螺钉不能被卸下),用双手把端子板从控制回路端子背面拉下;(b)将控制回路端子排里面的漏型逻辑(SINK)跳线接口切换为源型逻辑(SOURCE)模式;(c)注意,不要把控制电路上的跳线插针弄弯,将控制回路端子板重新安装上并用螺钉把它固定好

(三)速度信号的编码处理

三菱变频器可以实现 15 种速度的多段速调速,但用于速度信号输入的端子最多

只有 4 个，分别是 REX，RH，RM 和 RL。其中，REX 是指定义为十五速的输入端子。直接输入速度信号显然不能满足需要，因此，需要对速度信号进行编码处理，以达到节省输入端子数量、扩展输入范围的目的。对速度输入信号进行二进制编码，4 个输入端子最多可以容纳 16 种速度，分别对应变频器中 16 个参数中的频率值，见表 9-1。通常参数 Pr.2 中设置的频率值为 0，意味着没有速度输入信号时电动机是停止不转的。如果参数 Pr.2 中设置的频率值不为 0，则只要有启动信号（无须速度信号），电动机将按照参数 Pr.2 中设置的频率值运转。

表 9-1　三菱 A700 系列变频器速度信号的编码输入

速度序号	速度信号输入编码				对应速度参数
	REX	RH	RM	RL	
0	0	0	0	0	Pr.2
1	0	0	0	1	Pr.6
2	0	0	1	0	Pr.5
3	0	0	1	1	Pr.24
4	0	1	0	0	Pr.4
5	0	1	0	1	Pr.25
6	0	1	1	0	Pr.26
7	0	1	1	1	Pr.27
8	1	0	0	0	Pr.232
9	1	0	0	1	Pr.233
10	1	0	1	0	Pr.234
11	1	0	1	1	Pr.235
12	1	1	0	0	Pr.236
13	1	1	0	1	Pr.237
14	1	1	1	0	Pr.238
15	1	1	1	1	Pr.239

（四）相关专业术语

Source Logic：源型逻辑；
Sink Logic：漏型逻辑；
Jumper：跳线；
Code：编码；

Speed：速度；
Rotate：旋转；
Rate：速率；
High：高的；
Middle：中间的；
Low：低的。

二、计划

根据项目需求，编制输入/输出分配表，绘制 PLC-变频器电路图并完成控制电路的连接，设置变频器参数，编写多段速控制的 PLC 程序，下载 PLC 程序到 PLC 并运行，实现电动机的多段速运行。

按照项目工作流程，制定工作计划，见表 9-2。

表 9-2　应用多段速信号控制三相异步电动机变频运行的工作计划

序号	项目	内容	时间/min	人员
1	编制输入/输出分配表	确定所需要的输入/输出点数并分配具体用途，编制输入/输出分配表（需提交）	5	全体人员
2	绘制 PLC-变频器控制电路图	根据输入/输出分配表绘制 PLC-变频器控制电路图	15	全体人员
3	连接 PLC-变频器控制电路	根据 PLC-变频器控制电路图完成控制电路的连接	20	全体人员
4	设置变频器参数	根据控制要求设置变频器参数	10	全体人员
5	编写多段速控制的 PLC 程序	根据控制要求编写多段速控制 PLC 程序	20	全体人员
6	下载 PLC 程序并运行	把 PLC 程序下载到 PLC，控制变频器实现电动机的多段速运行	10	全体人员

三、决策

按照表 9-2 所示的工作计划，项目小组全体成员共同确定输入/输出分配表，然后分两个小组分别实施系统硬件装调、参数设置以及程序编写，共同进行调试运行，合作完成任务并提交任务评价表。

四、实施

项目的实施必须在保证安全的前提下进行，应提前建立并熟悉项目检查事项及评价要素，在实施过程中予以充分重视，以确保项目顺利进行。本项目的输入/输出分配、参数设置和控制程序三者要统一规划。

(一) 编制输入/输出分配表

根据控制要求，需要 14 个输入点和 6 个输出点。其中 14 个输入点包括 11 个速度选择按钮以及正转启动、反转启动和停止 3 个按钮；6 个输出点包括正转启动、反转启动信号以及 RT、RH、RM、RL 4 个速度输入信号。输入/输出分配表见表 9-3。

表 9-3　输入/输出分配表

输入			输出		
地址	元件符号	元件名称	地址	元件符号	元件名称
I0.0	SB1	停止按钮	Q0.0	STF	正转启动信号
I0.1	SB2	正转启动按钮	Q0.1	STR	反转启动信号
I0.2	SB3	反转启动按钮	Q0.2	RT	速度端子 1
I0.3	SB4	速度 1 选择按钮	Q0.3	RH	速度端子 2
I0.4	SB5	速度 2 选择按钮	Q0.4	RM	速度端子 3
I0.5	SB6	速度 3 选择按钮	Q0.5	RL	速度端子 4
I0.6	SB7	速度 4 选择按钮			
I0.7	SB8	速度 5 选择按钮			
I1.0	SB9	速度 6 选择按钮			
I1.1	SB10	速度 7 选择按钮			
I1.2	SB11	速度 8 选择按钮			
I1.3	SB12	速度 9 选择按钮			
I1.4	SB13	速度 10 选择按钮			
I1.5	SB14	速度 11 选择按钮			

(二) 绘制 PLC-变频器控制电路图

本项目采用 S7-300 PLC 作为控制器，S7-300 PLC 的数字信号是源型逻辑，且使用外部 24 V 直流电源作为输入/输出电源。因此，设置三菱变频器信号逻辑为源型逻辑，把变频器 SD 端与 PLC 的 2M 端都连接到直流电源的负端，根据输入/输出分配表，绘制 PLC-变频器控制电路，如图 9-2 所示。

(三) 连接 PLC-变频器控制电路

按工艺规范完成电路的连接。控制电路的连接主要考虑导线线径与颜色的选择、导线的走向安排、接线端子的选择与制作、线号标识的制作与排列，最终实现器件布局间距合理、安装稳固可靠、布线整齐有序、松紧适宜、接线规范牢固、标识清晰明确。

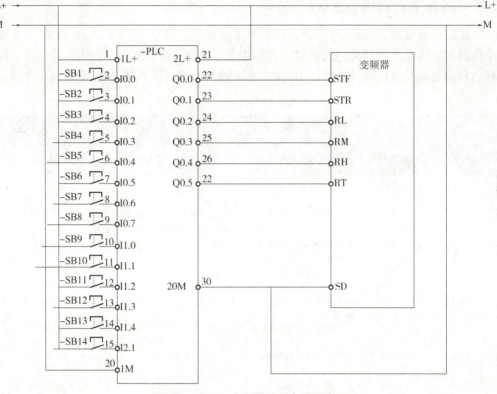

图 9-2　PLC-变频器控制电路示意

（四）设置变频器参数

三菱变频器多段速运行的参数设置包括 3 个方面：一是修改参数的许可设置，包括参数 Pr.77 和 Pr.79，参数 Pr.77 有 0，1，2 三个选值，修改参数前需设置为 0 或 2，参数修改完成后把参数 Pr.77 设置为 1 以避免参数被误修改，提高安全性；二是输入端子的定义参数，对于 RT 端子，需定义为第 15 速输入，参数 Pr.183 设置为 8；三是速度设置，包括上限频率参数 Pr.1 和下限频率参数 Pr.2，根据需要可把最多 15 段速度对应的频率值分别设置到参数 Pr.4～Pr.6、Pr.24～Pr.27 和 Pr.232～Pr.239。本项目中需要的运行速度为 11 种，可以任选 15 个速度参数中的 11 个来存储预定频率值，此处选择 Pr.25～Pr.27 和 Pr.232～Pr.239 来存储这 11 个速度的频率值。表 9-4 所示为多段速控制变频器参数设置。

表 9-4　多段速控制变频器参数设置

步骤	项目	参数	参数值	备注
1	打开参数设置许可	Pr.77	0	允许停止时修改参数
		Pr.79	1	变频器 PU 模式
2	设置速度参数	Pr.1	50	上限频率 50 Hz
		Pr.2	0	下限频率 0 Hz
		Pr.25	48	速度 1 的运行频率

续表

步骤	项目	参数	参数值	备注
2	设置速度参数	Pr. 26	46	速度 2 的运行频率
		Pr. 27	44	速度 3 的运行频率
		Pr. 232	42	速度 4 的运行频率
		Pr. 233	40	速度 5 的运行频率
		Pr. 234	38	速度 6 的运行频率
		Pr. 235	36	速度 7 的运行频率
		Pr. 236	34	速度 8 的运行频率
		Pr. 237	32	速度 9 的运行频率
		Pr. 238	30	速度 10 的运行频率
		Pr. 239	28	速度 11 的运行频率
3	定义速度输入端	Pr. 183	8	设置 RT 端为 15 速选择端
4	关闭参数设置许可	Pr. 79	2	设置变频器为外部运行模式
		Pr. 77	1	关闭参数修改功能

（五）编写 PLC 程序

1. 输入/输出真值表

使用 PLC 控制变频器实现多段速运行的过程可以简单描述如下：

（1）速度选择信号输入 PLC；

（2）PLC 根据控制程序产生特定的输出信号；

（3）PLC 的输出信号输入变频器；

（4）变频器根据不同的输入信号调用对应的预存频率值，驱动电动机运行。

PLC-变频器多段速控制信息传递过程如图 9-3 所示。

图 9-3　PLC-变频器多段速控制信息传递过程

根据这个过程中的信息传递关系，由已确定的输入/输出分配表和变频器参数设置，结合速度输入的编码方式，可以得到在不同速度输入的情况下，PLC 的输入、输出之间的对应关系，见表 9-5。

明确了 PLC 的输入、输出之间的关系后，进一步编写 PLC 程序有两种方式：一种是按输入编程，每个输入对应一个程序段；另一种是按输出编程，每个输出对应一个程序段。按输入编程时，对真值表中每一个输入行，输出所对应的真值为1的输出，如果输出的点数较多，可以考虑使用 MOVE 指令。按输出编程时，对真值表中每一个输出列，把真值为1的所有输入常开触点并联，把真值为0的所有输入常闭触点串联。这两种编程方法并无明显的优劣之分，为了减少程序段数目，可选择按输入、输出中数量少的进行编程。本项目中有14个输入点、6个输出点，因此可按输出编程。另一种方法请读者自行验证。

表 9-5 多段速控制 PLC 输入/输出真值表

速度（频率）	PLC 输入	PLC 输出			
		Q0.5（RT）	Q0.4（RH）	Q0.3（RM）	Q0.2（RL）
48 Hz	I0.3	0	1	0	1
46 Hz	I0.4	0	1	1	0
44 Hz	I0.5	0	1	1	1
42 Hz	I0.6	1	0	0	0
40 Hz	I0.7	1	0	0	1
38 Hz	I1.0	1	0	1	0
36 Hz	I1.1	1	0	1	1
34 Hz	I1.2	1	1	0	0
32 Hz	I1.3	1	1	0	1
30 Hz	I1.4	1	1	1	0
28 Hz	I1.5	1	1	1	1

2. 正/反转的启/停控制程序

正/反转的启/停控制程序如图 9-4 所示。

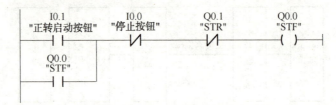

图 9-4 正/反转的启/停控制程序

3. 速度信号控制程序（如图 9-5 所示）

速度信号控制程序如图 9-5 所示。

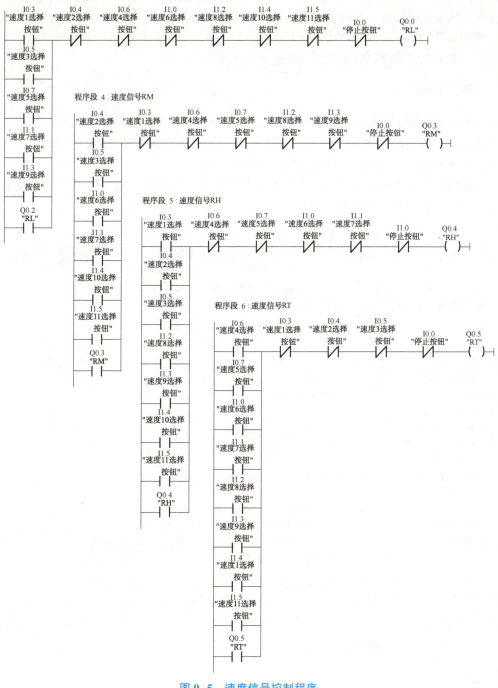

图 9-5　速度信号控制程序

（六）下载 PLC 程序并运行

通过仿真检查，确认程序编写无误后，连接编程计算机和 PLC，把 PLC 程序下载到 PLC 中。在运行 PLC 程序前，要确认所有电路已正确连接，电源状态正常，所有开关处于正确位置。运行 PLC 程序且分别试验不同速度和转向的情况下，变频器监视器显示的频率值和转向指示灯与输入是否一致。按下停止按钮，电动机应停止运行。设备发生意外情况时要及时切断电源以确保安全。

五、检查

本项目的主要任务是：根据项目需求，编制输入/输出分配表，绘制 PLC-变频器电路图并完成电路的连接，设置变频器参数，编写多段速控制的 PLC 程序，下载 PLC 程序到 PLC 并运行，实现电动机的多段速运行。

根据本项目的具体内容，设置表 9-6 所示的检查评分表，在实施过程和终结时进行必要的检查并填写检查评分表。

表 9-6 应用多段速信号控制三相异步电动机变频运行项目检查评分表

项目	分值	评分标准	检查情况	得分
编制输入/输出分配表	10 分	1. 所有输入地址编排合理，节约硬件资源，元件符号与元件作用说明完整，得 5 分； 2. 所有输出地址编排合理，节约硬件资源，元件符号与元件作用说明完整，得 5 分		
绘制 PLC-变频器控制电路图	10 分	1. 电路图元件齐全，标注正确，得 5 分； 2. 电路功能完整，布局合理，得 5 分		
连接 PLC-变频器控制电路	10 分	1. 安全违章，扣 10 分； 2. 安装不达标，每项扣 2 分		
设置变频器参数	10 分	能根据需要正确修改参数设定值，得 10 分		
编写多段速控制的 PLC 程序	50 分	1. 功能正确，程序段合理，得 30 分； 2. 符号表正确完整，得 10 分； 3. 绝对地址、符号地址显示正确，程序段注释合理，得 10 分		
下载 PLC 程序并运行	10 分	1. PLC 程序下载正确，PLC 指示灯正常，得 5 分； 2. PLC 程序运行操作正确，能实现预定功能，得 5 分		
合计	100 分			

六、评价

根据项目实施、检查情况及答复项目甲方质询情况，填写评价表。评价分为自评和他评（见表 9-7 和表 9-8）。评价的主要内容应包括实施过程简要描述、检查情况描述、存在的主要问题和解决方案等。

表9-7　应用多段速信号控制三相异步电动机变频运行项目自评表

签名：
日期：

表9-8　应用多段速信号控制三相异步电动机变频运行项目他评表

签名：
日期：

实践练习

一、资讯（项目需求）

在项目8的实践练习中，生产线选料电动机型号为Y80M2-4，根据设备工况需要，要求具有10种运行速度，对应的运行频率分别为45 Hz、42 Hz、39 Hz、36 Hz、33 Hz、30 Hz、27 Hz、24 Hz、21 Hz、18 Hz。设备设有10个速度按钮和正转启动按钮、反转启动按钮以及停止按钮。该设备采用S7-300 PLC进行控制，变频器主电路已连接好，控制电路按钮、PLC等元器件已准备好，请根据控制要求完成以下任务：

（1）确定输入/输出分配表；
（2）完成PLC-变频器控制电路图；
（3）完成PLC-变频器控制电路连接；
（4）完成PLC程序编写；
（5）完成PLC程序下载并控制电动机变频运行。

二、计划

生产线选料电动机多段速变频控制项目工作计划见表9-9。

表 9-9　生产线选料电动机多段速变频控制项目工作计划

序号	项目	内　容	时间	人员
1				
2				
3				
4				
5				
6				

三、决策

生产线选料电动机多段速变频控制项目决策表见表 9-10。根据任务要求和资源、人员的实际配置情况，按照工作计划，采取项目小组的方式开展工作，小组内实行分工合作，每位成员都要完成全部任务并提交项目评价表。

表 9-10　生产线选料电动机多段速变频控制项目决策表

签名： 日期：

四、实施

（一）编制输入/输出分配表（见表 9-11）

表 9-11　输入/输出分配表

输入			输出		
地址	元件符号	元件名称	地址	元件符号	元件名称

(二) 绘制 PLC-变频器控制电路图

(三) 设置变频器参数（见表 9-12）

表 9-12　生产线选料电动机多段速变频控制项目变频器参数设置

步骤	项目	参数号	参数值	备注
1				
3				
4				
5				

(四) PLC 程序

生产线选料电动机多段速变频控制项目实施记录表见表 9-13。

表 9-13　生产线选料电动机多段速变频控制项目实施记录表

签名：
日期：

五、检查

生产线选料电动机多段速变频控制项目检查评分表见表 9-14。

表 9-14 生产线选料电动机多段速变频控制项目检查评分表

项目	分值	评分标准	检查情况	得分
编制输入/输出分配表	10 分	1. 所有输入地址编排合理，节约硬件资源，元件符号与元件作用说明完整，得 5 分； 2. 所有输出地址编排合理，节约硬件资源，元件符号与元件作用说明完整，得 5 分		
绘制 PLC-变频器控制电路图	10 分	1. 电路图元件齐全，标注正确，得 5 分； 2. 电路功能完整，布局合理，得 5 分		
连接 PLC-变频器控制电路	10	1. 安全违章，扣 10 分； 2. 安装不达标，每项扣 2 分		
设置变频器参数	10 分	能根据需要正确修改参数设定值，得 10 分		
编写多段速控制的 PLC 程序	50 分	1. 功能正确，程序段合理，得 30 分； 2. 符号表正确完整，得 10 分； 3. 绝对地址、符号地址显示正确，程序段注释合理，得 10 分		
下载 PLC 程序并运行	10 分	1. PLC 程序下载正确，PLC 指示灯正常，得 5 分； 2. PLC 程序运行操作正确，能实现预定功能，得 5 分		
合计	100 分			

六、评价

生产线选料电动机多段速变频控制项目自评表和他评表见表 9-15 和表 9-16。

表 9-15 生产线选料电动机多段速变频控制项目自评表

签名：
日期：

表 9-16　生产线选料电动机多段速变频控制项目他评表

签名：
日期：

扩展提升

某车间有一台溶液搅拌电动机，型号为 Y112M-6，额定容量为 2.2 kW，额定转速为 940 r/m，过载能力为 ND。根据溶液温度需调整搅拌速度，拟采用台达变频器控制电动机实现 6 种转速，分别为 45 Hz、40 Hz、35 Hz、30 Hz、25 Hz、20 Hz。设备采用 S7-300 PLC 进行控制，变频器主电路已连接好，控制电路按钮、PLC 等元器件已准备好，请根据控制要求完成以下任务：

（1）确定输入/输出分配表；
（2）完成 PLC-变频器控制电路图；
（3）完成 PLC-变频器控制电路连接；
（4）完成 PLC 程序编写；
（5）完成 PLC 程序下载并控制电动机变频运行。

项目10　应用模拟量控制三相异步电动机变频运行

背景描述

多段速调速较好地解决了电动机对生产设备的转速匹配问题，但仍然不能满足很多应用场景的需求。多段速调速存在的主要问题有两个：一是可实现的转速是有限的，在某一范围内，只能实现有限的若干种运行转速；二是在进行转速切换时转速不连续会导致较大的机械冲击，这一问题在平滑变速为主要技术指标时显得尤其严重。无级调速可以很好地解决这些问题。进行无级调速时，电动机的转速可在某一范围内连续平滑改变。无级调速因其调速范围宽、控制灵活、传动效率高而获得了广泛的应用。

示范实例

一、资讯

（一）项目需求

在项目8中的Y90S-2三相异步电动机因为生产工艺升级，要求运行频率在25~48 Hz范围内连续可调。设备设有正转启动按钮、反转启动按钮以及停止按钮，速度信号由其他控制单元通过数据（整数或实数）传送给PLC。该设备采用S7-300 PLC进行控制，变频器主电路已连接好，控制电路按钮、PLC等元器件已准备好，请根据控制要求完成以下任务：

(1) 确定输入/输出分配表；
(2) 完成PLC-变频器控制电路图；
(3) 完成PLC-变频器控制电路连接；
(4) 完成PLC程序编写；
(5) 完成PLC程序下载并控制电动机变频运行。

（二）S7-300 PLC的模拟量

变频器进行无级调速时通常采用模拟量信号输入。因此，当采用PLC控制变频器进行无级调速时要求PLC能输出模拟量信号。S7-300 PLC支持模拟量的输入与输出，其模拟量信号分为电流信号和电压信号，其中电流信号包括+/-20 mA、0~

20 mA 和 4~20 mA，电压信号包括+/-10 V 和 0~10 V。在 S7-300 PLC 内部，使用的是二进制数据，因此，当外部输入模拟量信号时，PLC 会将其转换为一个整数存入一个长度为 16 bit 的存储空间，即进行模/数转换（ADC）。PLC 进行模/数转换时虽然使用了一个 16 bit 的空间存储参与转换的整数，但不意味着这 16 bit 都是有效位。实际上，根据不同的转换精度，PLC 所使用的有效位长是不一样的，但不论采用何种转换精度，这些整数都是按左对齐的方式以补码的形式存储的，存储空间的最高位都是符号位，0 表示正数，1 表示负数，剩下最多 15 bit 表示模拟量的数值。如果转换精度低于 15 bit，则从最低位开始补 0，直至补够 15 bit。当 PLC 输出一个模拟量信号时，PLC 将一个 16 bit 整数转换为模拟量信号，即进行数/模转换（DAC）。使用 PLC 的模拟量输入/输出功能时，需要根据实际情况选择所需的信号类型和规格，并遵循必要的接线规则。相关细则可以查询 S7-300 模块数据设备手册。

（三）S7-300 PLC 的模拟量输入

S7-300 PLC 的模拟量输入主要来自各种传感器。

（1）对单极性输入来说，0~27 648 称为额定范围，对应模拟量信号量程的 0%~100%；26 749~32 511 称为过冲范围，32 511 对应模拟量信号量程的 117.589%；32 767 称为上溢，对应模拟量信号量程>118.515%；-1~-4 864 称为下冲范围，-4 864 对应模拟信号量程的-17.593%；-32 768 称为下溢，对应模拟量信号量程≤-17.596%。

（2）对双极性输入来说，-27 648~27 648 称为额定范围，对应模拟量信号量程的-100%~100%；26 749~32 511 称为过冲范围，32 511 对应模拟量信号量程的 117.589%；32 767 称为上溢，对应模拟量信号量程>118.515%；-27 649~-32 512 称为下冲范围，-32 512 对应模拟量信号量程的-117.593%；-32 768 称为下溢，对应模拟量信号量程≤-117.596%。

（四）S7-300 PLC 的模拟量输出

S7-300 PLC 的模拟量输出也包括单极性输出和双极性输出。

（1）在单极性输出时，0~27 648 称为额定范围，对应模拟量信号量程的 0%~100%；26 749~32 511 称为过冲范围，32 511 对应模拟量信号量程的 117.589%；≥32 512 称为上溢，对应模拟量信号量程的 0%；-1~-32 512 称为下冲范围，对应模拟量信号量程的 0%；≤-32 513 称为下溢，对应模拟量信号量程的 0%。

（2）在双极性输出时，-27 648~27 648 称为额定范围，对应模拟量信号量程的-100%~100%；26 749~32 511 称为过冲范围，32511 对应模拟量信号量程的 117.589%；≥32 512 称为上溢，对应模拟量信号量程的 0%；-27 649~-32 512 称为下冲范围，-32512 对应模拟量信号量程的-117.593%；≤-32 513 称为下溢，对应模拟量信号量程的 0%。

（五）相关专业术语

ADC：Analog-Digital Conversion，模拟量/数字量转换（模/数转换）；
DAC：Digital to Analog Conversion，数字量/模拟量转换（数/模转换）；
Complement Code：补码；
Range：范围；

Positive Sign/Negative Sign：正号/负号；

Bipolar/Uni-polar：双/单极性；

Overflow：溢出；

Process Image Partition：过程映像区；

PIB/PIW/PID：Peripheral Input Byte/Word/Double-Word，外设输入字节/字/双字；

PQB/PQW/PQD：Peripheral Output Byte/Word/Double-Word，外设输出字节/字/双字；

二、计划

根据项目需求，编制输入/输出分配表，绘制 PLC-变频器电路图并完成电路的连接，设置变频器参数，编写无级调速变频控制的 PLC 程序，下载 PLC 程序到 PLC 并运行，实现电动机的无级调速变频运行。

按照项目工作流程，制定表 10-1 所示的工作计划。

表 10-1　应用模拟量控制三相异步电动机变频运行的工作计划

序号	项目	内容	时间/min	人员
1	编制输入/输出分配表	确定所需要的输入/输出点数并分配具体用途，编制输入/输出分配表（需提交）	5	全体人员
2	绘制 PLC-变频器控制电路图	根据输入/输出分配表绘制 PLC-变频器控制电路图	15	全体人员
3	连接 PLC-变频器控制电路	根据 PLC-变频器控制电路图完成电路连接	20	全体人员
4	设置变频器参数	根据控制要求设置变频器参数	10	全体人员
5	编写无级调速变频控制的 PLC 程序	根据控制要求编写无级调速变频控制的 PLC 程序	20	全体人员
6	下载 PLC 程序并运行	把 PLC 程序下载到 PLC，控制变频器实现电动机的无级调速变频运行	10	全体人员

三、决策

按照表 10-1 所示的工作计划，项目小组全体成员共同确定输入/输出分配表，然后分两个小组分别实施系统硬件装调、参数设置和程序编写，共同进行调试运行，合作完成任务并提交项目评价表。

四、实施

项目的实施必须在保证安全的前提下进行，应提前建立并熟悉项目检查事项及评价要素，在实施过程中予以充分重视，以确保项目顺利进行。本项目的输入/输出分配、参数设置和控制程序三者要统一规划。

（一）编制输入/输出分配表

根据控制要求，需要设置正转启动按钮、反转启动按钮和停止按钮3个输入点以及正转启动信号、反转启动信号和速度模拟信号（电压）3个输出点。输入/输出分配表见表10-2。

表10-2 输入/输出分配表

输入			输出		
地址	元件符号	元件名称	地址	元件符号	元件名称
I0.0	SB1	停止按钮	Q0.0	STF	正转启动信号
I0.1	SB2	正转启动按钮	Q0.1	STR	反转启动信号
I0.2	SB3	反转启动按钮	AO0	2	速度模拟信号

（二）绘制PLC-变频器控制电路图

本项目采用CPU 314C-2 PN/DP作为三菱变频器无级调速控制器，CPU 314C-2 PN/DP具有两个模拟量输出点，每个模拟量输出点都支持电压或电流信号。本项目根据控制要求，采用0~10V电压信号进行模拟量变频调速控制，因此只需要一个模拟量输出点即可。根据表10-2所示的输入/输出分配表和PLC的模拟量输出端子功能定义，绘制PLC-变频器无级调速控制电路，如图10-1所示。

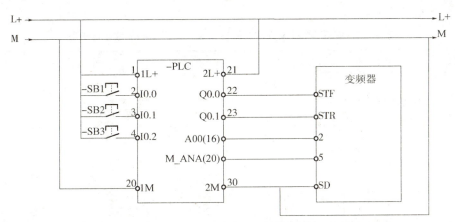

图10-1 PLC-变频器无级调速控制电路示意

（三）连接PLC-变频器控制电路

在连接PLC和变频器信号线时，要注意区分模拟量输出点的电压端子和电流端子，正确连接到变频器对应的信号输入端，除了信号端之外，还要正确连接模拟信号公共端和屏蔽端，否则会影响信号的正确传输。电路导线的走向要根据实际情况合理安排，实现器件布局间距合理、安装稳固可靠、布线整齐有序、松紧适宜、接线规范牢固、标识清晰明确。

(四)变频器硬件设置与参数设置

三菱变频器进行模拟量变频调速时,需要对模拟量信号端口进行设置。在三菱 A700 系列变频器中,通过电压/电流输入切换开关设定模拟量输入端口 2、4 输入的信号是电流还是电压,具体设置规则如图 10-2 所示。本项目采用的是电压信号输入到端子 2,因此开关 2 置于"OFF"位置。

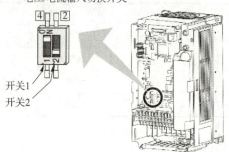

图 10-2 三菱 A700 系列变频器模拟量信号设置

除了需要通过硬件设置确定输入的模拟量信号是电压还是电流之外,还需要通过参数设置输入信号的规格。用于设置模拟量输入端口 2 的参数是 Pr.73,对应 0~10 V 电压的 Pr.73 参数值是 0,本项目中三菱 A700 系列变频器模拟量无级调速的参数设置步骤见表 10-3。

表 10-3 三菱 A700 系列变频器模拟量无级调速的参数设置步骤

步骤	项目	参数	参数值	备注
1	打开参数设置许可	Pr.77	0	允许停止时修改参数
		Pr.79	1	变频器 PU 模式
2	设置速度参数	Pr.1	50	上限频率 50 Hz
		Pr.2	0	下限频率 0 Hz
		Pr.73	0	0~10 V 电压模拟信号
3	关闭参数设置许可	Pr.79	2	设置变频器为外部运行模式
		Pr.77	1	关闭参数修改功能

(五)编写 PLC 程序

1. S7-300 PLC 模拟量输出的硬件组态与编程地址

使用 S7-300 PLC 的模拟量时需要先进行硬件组态,设置相应的端口和信号规格。进入硬件组态界面,如图 10-3 所示,双击图中的"AI5/AO2",弹出"属性"对话框,选择"输出"选项卡,根据本项目需要,设置 AO0 输出类型为"V"(表示电压),输出范围为"0..10V"(表示 0~10V),如图 10-4 所示。选择"地址"选项卡,进入模拟量输入/输出地址设置对话框,如图 10-5 所示。在"地址"选项卡中,

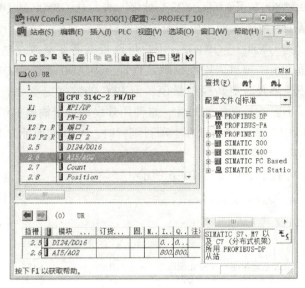

图 10-3　CPU 314C-2 PN/DP 模拟量硬件组态

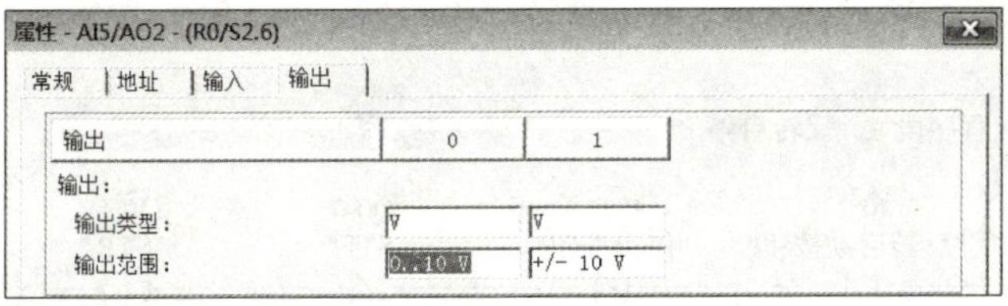

图 10-4　"输出"选项卡

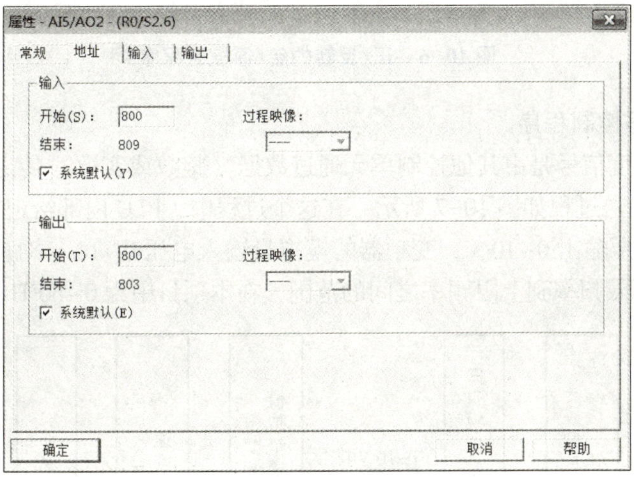

图 10-5　"地址"选项卡

系统默认的模拟量输入地址从"800"开始到"809"结束，表示从 IB800 到 IB809 共10 个字节的空间被分配给 AI0~AI4 这 5 个模拟量输入端口，每个模拟量输入端口占用 1 个字的空间，地址依次为 IW800、IW802、IW804、IW806、IW808；系统默认的模拟量输出地址从“800”开始到“803”结束，表示从 QB800 到 QB803 共 4 个字节的空间被分配给 AO0~AO1 这两个模拟量输出端口，每个模拟量输出端口占用 1 个字的空间，地址依次为 QW800、QW802。用户可以根据需要修改这些地址，但要注意不能和其他地址重合。本项目采用系统默认地址，即 AO0 地址为 QW800。在使用模拟量时，通常希望能够及时更新模拟量值，但 PLC 的数据更新一般都是一个扫描周期更新一次，为了不影响控制的实时性，常使用外设地址传输模拟量，外设地址在输入/输出地址前加“P”表示，所以在本项目编程时，AO0 的地址为 PQW800。

2. 正/反转的启/停控制程序

正/反转的启/停控制程序如图 10-6 所示。

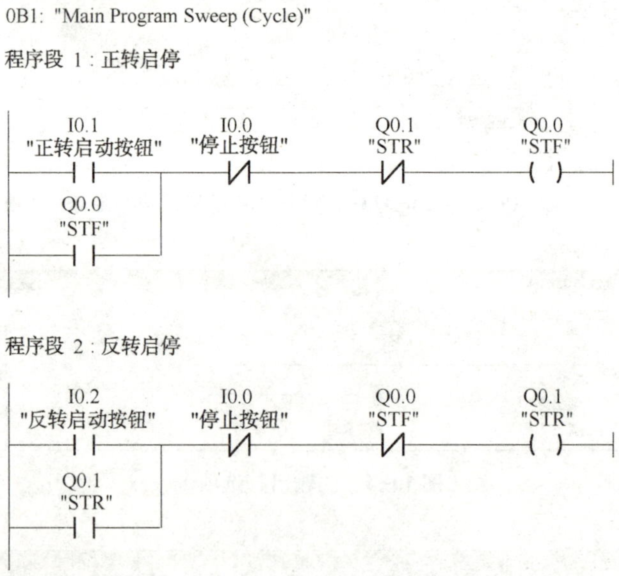

OB1: "Main Program Sweep (Cycle)"
程序段 1 : 正转启停
I0.1
"正转启动按钮"
I0.0
"停止按钮"
Q0.1
"STR"
Q0.0
"STF"
Q0.0
"STF"
程序段 2 : 反转启停
I0.2
"反转启动按钮"
I0.0
"停止按钮"
Q0.0
"STF"
Q0.1
"STR"
Q0.1
"STR"

图 10-6　正/反转的启/停控制程序

3. 速度信号控制程序

本项目的速度信号是由其他控制单元通过数据（整数或实数）传送给 CPU 314C-2 PN/DP 的，其传送过程如图 10-7 所示。在这个过程中，PLC 内部给定的整数 0~27 468 对应于模拟量电压输出 0~10 V，变频器的模拟量输入电压 0~10 V 对应于参数 Pr. 1 和 Pr. 2 所设定的下限频率到上限频率之间的范围，在本项目中为 0~50 Hz。

速度（整数或实数）
PLC 模拟量输出端口
（0~10 V电压）
变频器模拟量输入端口
速度参数（V/F转换）
速度输出

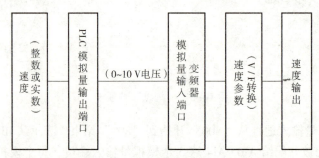

图 10-7　速度信号传送过程

如果 PLC 内部的速度给定值为实数，那么 PLC 会使用系统内部的一个"UNSCALE"功能 FC106 把这个实数转换成 0~27 648 范围内的整数，再根据所产生的整数值输出一个与之对应的 0~10V 范围内的模拟量电压。相比整数，采用实数可以让使用者更直观地知道运行频率的给定值。"UNSCALE"功能 FC106 在编程软件中的获取路径为总览→库→Standard Library→TI-S7 Converting Blocks。其框图如图 10-8 所示，其参数见表 10-4。

图 10-8 "UNSCALE"功能 FC106 的框图

表 10-4 S7-300 PLC "UNSCALE" 功能 FC106 的参数

参数名称	数据类型	存储区	描述
EN	BOOL	I, Q, M, D, L	使能输入
ENO	BOOL	I, Q, M, D, L	使能输出
IN	REAL	I, Q, M, D, L, P 或常数	输入工程值（待转换实数）
HI_LIM	REAL	I, Q, M, D, L, P 或常数	工程值上限（实数）
LO_LIM	REAL	I, Q, M, D, L, P 或常数	工程值下限（实数）
BIPOLAR	BOOL	I, Q, M, D, L	信号极性（"1"为双极性，"0"为单极性）
RET_VAL	WORD	I, Q, M, D, L, P	返回值，无错误返回"W#16#0000"
OUT	INT	I, Q, M, D, L, P	输出值，转换后的整数

"UNSCALE"功能 FC106 的输出值按下式计算：

$$OUT = [((IN - LO\_LIM)/(HI\_LIM - LO\_LIM)) \times (K2 - K1)] + K1$$

其中，K1 和 K2 分别对应整数范围的下限和上限，对于双极性信号：K1 = −27 648.0，K2 = 27 648.0；对于单极性信号：K1 = 0.0，K2 = 27 648.0。

为了满足电动机的实际运行频率范围，需要对速度给定值进行上、下限比较，当给定速度值大于电动机运行频率上限对应值时，限定给定速度值为上限值；当给定速度值小于电动机运行频率下限对应值时，限定给定速度值为下限值。无级变频调速控制的 PLC 程序如图 10-9 所示。

（六）下载 PLC 程序并运行

通过仿真检查，确认程序编写无误后，连接编程计算机和 PLC，把 PLC 程序下载到 PLC 中。在运行 PLC 程序前，要确认所有电路已正确连接，电源状态正常，所有开关处于正确位置。在运行 PLC 程序时，分别试验不同速度和转向的情况下，变频器监视器显示的频率值和转向指示灯与输入是否一致。按下停止按钮，电动机应停止运行。设备发生意外情况时要及时切断电源以确保安全。

程序段3：整数速度信号

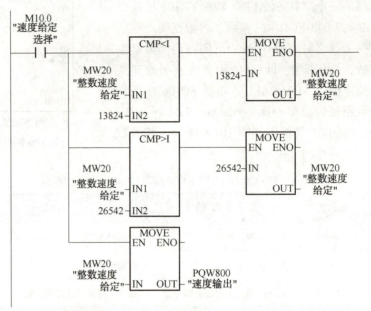

程序段4：实数速度信号

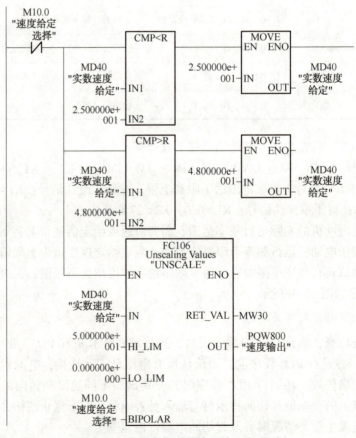

图10-9 无级变频调速控制的 PLC 程序

五、检查

本项目的主要任务是：根据项目需求，编制输入/输出分配表，绘制 PLC-变频器电路图并完成电路的连接，设置变频器参数，编写无级调速控制的 PLC 程序，下载 PLC 程序到 PLC 并运行，实现电动机的无级调速运行。

根据本项目的具体内容，设置表 10-5 所示的检查评分表，在实施过程和终结时进行必要的检查并填写检查评分表。

表 10-5　应用模拟量信号控制三相异步电动机变频运行项目检查评分表

项目	分值	评分标准	检查情况	得分
编制输入/输出分配表	10 分	1. 所有输入地址编排合理，节约硬件资源，元件符号与元件作用说明完整，得 5 分； 2. 所有输出地址编排合理，节约硬件资源，元件符号与元件作用说明完整，得 5 分		
绘制 PLC-变频器控制电路图	10 分	1. 电路图元件齐全，标注正确，得 5 分； 2. 电路功能完整，布局合理，得 5 分		
连接 PLC-变频器控制电路	10 分	1. 安全违章，扣 10 分； 2. 安装不达标，每项扣 2 分		
设置变频器参数	10 分	能根据需要正确修改参数设定值，得 10 分		
编写无级调速控制的 PLC 程序	50 分	1. 功能正确，程序段合理，得 30 分； 2. 符号表正确完整，得 10 分； 3. 绝对地址、符号地址显示正确，程序段注释合理，得 10 分		
下载 PLC 程序并运行	10 分	1. PLC 程序下载正确，PLC 指示灯正常，得 5 分； 2. PLC 程序运行操作正确，能实现预定功能，得 5 分		
合计	100 分			

六、评价

根据项目实施、检查情况及答复项目甲方质询情况，填写评价表。评价分为自评和他评（见表 10-6 和表 10-7），评价的主要内容应包括实施过程简要描述、检查情况描述、存在的主要问题、解决方案等。

表 10-6　应用模拟量信号控制三相异步电动机变频运行项目自评表

签名：
日期：

表 10-7 应用模拟量信号控制三相异步电动机变频运行项目他评表

签名：
日期：

实践练习

一、资讯（项目需求）

在项目 8 的实践练习中，生产线选料电动机型号为 Y80M2-4，根据设备工况需要，要求运行频率在 25~48 Hz 范围连续可调。设备设有正转启动按钮、反转启动按钮以及停止按钮，速度信号由电位器输入 0~10 V 电压。该设备采用 S7-300 PLC 进行控制，变频器主电路已连接好，控制电路按钮、PLC 等元器件已准备好，请根据控制要求完成以下任务：

（1）确定输入/输出分配表；
（2）完成 PLC-变频器控制电路图；
（3）完成 PLC-变频器控制电路连接；
（4）完成 PLC 程序编写；
（5）完成 PLC 程序下载并控制电动机变频运行。

二、计划

生产线选料电动机模拟量无级变频调速控制项目工作计划见表 10-8。

表 10-8 生产线选料电动机模拟量无级变频调速控制项目工作计划

序号	项目	内容	时间	人员
1				
2				
3				
4				
5				
6				

三、决策

生产线选料电动机模拟量无级变频调速控制项目决策表见表 10-9。根据任务要求和资源、人员的实际配置情况，按照工作计划，采取项目小组的方式开展工作，小组内实行分工合作,每位成员都要完成全部任务并提交项目评价表。

表10-9 生产线选料电动机模拟量无级变频调速控制项目决策表

签名： 日期：

四、实施

（一）编制输入/输出分配表（见表10-10）

表10-10 输入/输出分配表

输入			输出		
地址	元件符号	元件名称	地址	元件符号	元件名称

（二）绘制 PLC-变频器控制电路图

（三）设置变频器参数（见表10-11）

表10-11 生产线选料电动机模拟量无级变频调速控制项目变频器参数设置

步骤	项目	参数号	参数值	备注
1				
2				

续表

步骤	项目	参数号	参数值	备注
3				

（四）PLC 控制程序

生产线选料电动机模拟量无级变频调速控制项目实施记录表见表 10-12。

表 10-12　生产线选料电动机模拟量无级变频调速控制项目实施记录表

签名： 日期：

五、检查

生产线选料电动机模拟量无级变频调速控制项目检查评分表见表 10-13。

表 10-13　生产线选料电动机模拟量无级变频调速控制项目检查评分表

项目	分值	评分标准	检查情况	得分
编制输入/输出分配表	10	1. 所有输入地址编排合理，节约硬件资源，元件符号与元件作用说明完整，得 5 分； 2. 所有输出地址编排合理，节约硬件资源，元件符号与元件作用说明完整，得 5 分		
绘制 PLC-变频器控制电路图	10	1. 电路图元件齐全，标注正确，得 5 分； 2. 电路功能完整，布局合理，得 5 分		

续表

项目	分值	评分标准	检查情况	得分
连接 PLC-变频器控制电路	10	1. 安全违章，扣 10 分； 2. 安装不达标，每项扣 2 分		
设置变频器参数	10	能根据需要正确修改参数设定值，得 10 分		
编写无级调速控制的 PLC 程序	50	1. 功能正确，程序段合理，得 30 分； 2. 符号表正确完整，得 10 分； 3. 绝对地址、符号地址显示正确，程序段注释合理，得 10 分		
下载 PLC 程序并运行	10	1. PLC 程序下载正确，PLC 指示灯正常，得 5 分； 2. PLC 程序运行操作正确，能实现预定功能，得 5 分		
合计	100			

六、评价

生产线选料电动机模拟量无级变频调速控制项目的自评表和他评表见表 10-14 和表 10-15。

表 10-14　生产线选料电动机模拟量无级变频调速控制项目自评表

签名：
日期：

表 10-15　生产线选料电动机模拟量无级变频调速控制项目他评表

签名：
日期：

某车间有一台溶液搅拌电动机,型号为 Y112M-6,额定容量为 2.2 kW,额定转速为 940 r/m,过载能力为 ND。根据溶液温度需调整搅拌速度,拟采用台达变频器控制电动机实现 45~20 Hz 范围内的速度连续可调。速度信号采用电位器输入 0~5 V 电压。设备采用 S7-300 PLC 进行控制,变频器主电路已连接好,控制电路按钮、PLC 等元器件已准备好,请根据控制要求完成以下任务:

(1)确定输入/输出分配表;
(2)完成 PLC-变频器控制电路图;
(3)完成 PLC-变频器控制电路连接;
(4)完成 PLC 程序编写;
(5)完成 PLC 程序下载并控制电动机变频运行。

项目 11　应用 PLC 脉宽调制功能实现步进电动机的速度控制

在很多生产设备的生产过程中，常需要对电动机的运行速度进行精确的控制，以保证在一定负载范围内电动机的转速可以精确稳定在某个预期值。普通交流异步电动机的变频调速可以较为精确地改变旋转磁场的速度，但由于转差率的存在，电动机的实际转速很难满足这一要求。从控制系统的角度出发，可以在两方面寻求解决办法：一是采用适合进行速度控制、满足速度精度的电动机；二是采取合适的控制方式对电动机进行满足精度需求的控制。在一些应用场合，步进电动机不但能满足一定精度和载荷的需求，还具有控制相对简单、价格低廉等特点，不失为一种经济可行的有效选择。

一、资讯

（一）项目需求

某设备的工件送料定位装置采用三相步进电动机驱动，电动机型号为 3S57Q-04079，配用的步进驱动器可实现 400 P/r（脉冲/转）的细分，要求步进电动机能够实现正转速度为 375 r/min 和反转速度为 300 r/m。设备设有正转启动按钮、反转启动按钮以及停止按钮。该设备采用 S7-300 PLC 进行控制，步进电动机、步进驱动器、控制电路按钮、PLC 等元器件已准备好，请根据控制要求完成以下任务：

(1) 确定输入/输出分配表；
(2) 完成步进电动机主电路图及 PLC-步进驱动器控制电路图；
(3) 完成步进电动机主电路及 PLC-步进驱动器控制电路连接；
(4) 完成 PLC 程序编写；
(5) 完成 PLC 程序下载并控制步进电动机运行。

（二）步进电动机的工作原理与类型

步进电动机是一类较为特殊的电动机，在电脉冲的控制下，步进电动机可以在一定负载范围内实现转向转速和转角的精确控制。改变步进电动机绕组的通电脉冲的顺序可以改变步进电动机的旋转方向；改变通电脉冲的频率可以改变步进电动机运行的速度；改变通电脉冲的数量可以改变步进电动机旋转的角度（位置），因此步进电动机也被称为脉冲马达。

步进电动机的结构特点是定子铁芯的磁极上开有多个小齿，转子铁芯的圆周上也均布有很多小齿，当步进电动机转子铁芯的某些小齿和定子铁芯磁极对齐时，另外一些小齿与定子铁芯磁极处于不对齐状态。步进电动机工作时，当某相定子绕组通电时会在其磁极连线上产生一个磁场，从而使转子铁芯的小齿与该磁极下的小齿对齐；当另一相定子绕组通电时，转子铁芯的小齿会与新的这一相绕组磁极下的小齿对齐，转子从而旋转一个角度，称为转过了一步，这个角度称为步距角。当按一定顺序交替给各相定子绕组通电时，则转子铁芯将不断地和各相定子绕组产生的磁极对齐，进而形成连续的转动。步进电动机在每一次对齐的过程中都可能因为负载或制造的原因而不能完全对齐，但每一次对齐都是重新对齐，前一次的误差并不影响后面的对齐，因此步进电动机旋转时不存在累积误差，这保证了步进电动机可持续准确地运行。

步进电动机按定子绕组数目通常分为二至五相，按转子齿槽结构和是否有永久磁铁分为反应式（变磁阻）、永磁式和混合式。

（三）步进电动机的驱动

既不同于直流电动机，也不同于交流电动机，步进电动机通入的是脉冲电流，因此需要专用的步进驱动器获取所需要的脉冲。步进驱动器主要包括两个组成部分，一个是环形分配器，另一个是功率放大器。环形分配器的作用是根据指令脉冲和方向电平，按照步进电动机绕组的通电序列为各相绕组分配对应的控制脉冲，各相绕组的控制脉冲仅存在相位差，其余波形频率都完全一致。环形分配器既可用硬件实现，也可以用软件实现。

步进电动机各相绕组的控制脉冲控制了步进电动机驱动器中功率开关管的通断，从而使绕组获得所需的电流。根据功率放大电路的不同，可分为单电压源功率放大、高低压功率放大和恒流斩波功率放大等驱动方式。相对来说，恒流斩波功率放大方式具有较好的驱动性能。

常规上步进电动机的步距角是由步进电动机的结构和通电节拍决定的。为了进一步改善步进电动机的综合使用性能，步进电动机的细分驱动技术已得到充分的发展和广泛的使用。细分驱动控制技术通过控制步进电动机各相绕组中的电流按一定的规律上升或下降，把传统的方波变换为从零电流到最大电流之间具有多个中间电流稳态的阶梯波，合成磁场的方向相应地也存在多个稳定的中间状态，相当于把原来的步距划分为更多的等分。细分驱动的合成磁场的幅值决定了步进电动机旋转力矩的大小，合成磁场矢量的方向决定了细分后步距角的大小。细分驱动技术进一步提高了步进电动机的转角精度和运行平稳性。使用细分驱动技术的步进电动机，其工作步距由细分方式决定，与电动机固有的步距角没有直接关系。

（四）相关专业术语

Stepper（Stepping）Motor：步进电动机；

Stepper Motor Driver：步进电动机驱动器；

Step Angle：步距角；
Direction：方向；
CW/CCW：Clock Wise/Counter Clock Wise，顺时针方向/逆时针方向；
Permanent Magnet/Variable Reluctance/Hybrid：永磁/变磁阻/混合；
RPM：Revolution Per Minute，转/分钟；
PPR：Pulse Per Revolution，脉冲/转；
Attraction：吸引力；
Repulsion：排斥力。

二、计划

根据项目需求，确定输入/输出分配表，完成步进电动机主电路图及PLC-步进驱动器控制电路图，完成步进电动机主电路及PLC-步进驱动器控制电路连接，完成PLC程序编写，完成PLC程序下载并控制步进电动机运行。按照项目工作流程，制定表11-1所示的工作计划。

表 11-1　应用 PLC 脉宽调制功能实现步进电动机的速度控制项目的工作计划

序号	项目	内容	时间/min	人员
1	编制输入/输出分配表	确定所需要的输入/输出点数并分配具体用途，编制输入/输出分配表（需提交）	5	全体人员
2	绘制步进电动机主电路图及PLC-步进驱动器控制电路图	根据输入/输出分配表绘制步进电动机主电路图及PLC-步进驱动器控制电路图	20	全体人员
3	连接步进电动机主电路及PLC-步进驱动器控制电路	根据电路图完成步进电动机主电路及PLC-步进驱动器控制电路连接	15	全体人员
4	设置步进驱动器	根据控制要求设置步进驱动器	5	全体人员
5	编写步进电动机速度控制的PLC程序	根据控制要求编写步进电动机速度控制的PLC程序	25	全体人员
6	下载PLC程序运行	把PLC程序下载到PLC，实现步进电动机的速度控制	10	全体人员

三、决策

按照表 11-1 所示的工作计划，项目小组全体成员共同确定输入/输出分配表，然后分两个小组分别实施系统硬件装调、步进驱动器设置、程序编写以及调试运行，合作完成任务并提交项目评价表。

四、实施

项目的实施必须在保证安全的前提下进行，应提前建立并熟悉项目检查事项及评价要素，在实施过程中予以充分重视，以确保项目的顺利进行。本项目的输入/输出分配、步进驱动器设置和控制程序三者要统一规划。步进电动机在工作过程中表面温度可能高于普通电动机，这属于正常现象，应根据实际情况正确区分，以免误判。

（一）编制输入/输出分配表

根据控制要求，需要设置正转启动按钮、反转启动按钮和停止按钮3个输入点以及脉冲、方向2个输出点，其中脉冲输出来自S7-300 PLC的PWM输出通道，使用特定的DO端口。不同型号的PLC所能使用的PWM输出通道数量是不一样的，需要在硬件组态中确认。输入/输出分配表见表11-2。

表 11-2　输入/输出分配表

输入			输出		
地址	元件符号	元件名称	地址	元件符号	元件名称
I0.0	SB1	停止按钮	Q0.0	PULS（PLS）	脉冲信号
I0.1	SB2	正转启动按钮	Q0.1	DIR	方向信号
I0.2	SB3	反转启动按钮	—	—	—

（二）绘制步进电动机主电路图及PLC-步进驱动器控制电路图

本项目中步进驱动器采用36 V直流电源作为主电源，采用CPU 314C-2 PN/DP作为步进驱动器的控制器。CPU 314C-2 PN/DP的输出电压为直流24 V，但步进驱动器的输入信号规格为直流5 V，因此需要在PLC和步进驱动器之间串接2.2 kΩ的限流电阻以保护步进驱动器。根据输入/输出分配表和PLC的PWM输出通道硬件组态定义，绘制步进电动机主电路图及PLC-步进驱动器控制电路，如图11-1和图11-2所示。

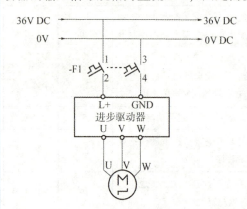

图 11-1　步进电动机主电路图

（三）连接步进电动机主电路及PLC-步进驱动器控制电路

在连接步进电动机主电路时，应注意步进驱动器的电源电压及正、负极性不要弄错。步进电动机和步进驱动器之间的连线要注意一一对应，对于三相步进电动机，任意对调U、V、W三根线中的两根，步进电动机的转向将发生改变。连接PLC和步进驱动器信号线时，要注意区分信号的正、负端，S7-300 PLC的输出端通过限流电阻连接到步进驱动器正端，负端连接到PLC的输出公共地，这样才能正确地构成信号通路。电路除了连接正确之外，导线的走向也要根据实际情况合理安排，实现元器件布局间距合理、安装稳固可靠、布线整齐有序、松紧适宜、接线规范牢固、标识清晰明确。

（四）设置步进驱动器

步进驱动器一般没有操作面板，需要设置时可使用专用的设置软件。在步进驱动

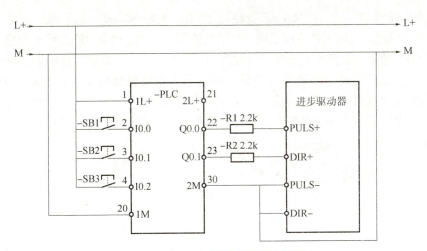

图 11-2　PLC-步进驱动器控制电路图

器上通常有一些拨码开关用于进行一些常用的设置，这其中包括对步进电动机进行细分控制的设置。本项目要求步进电动机的最高转速为 375 r/imn，已知 CPU 314C-2 PN/DP 的最高输出脉冲频率为 2.5 kHz，因此采用 400 P/r（脉冲/转）的细分正好满足控制需求。本项目的步进驱动器细分设置见表 11-3。

表 11-3　步进驱动器的细分设置

P/r	SW1	SW2	SW3	SW4
400	ON	ON	ON	ON

（五）编写 PLC 程序

1. S7-300 PLC 高速脉冲输出的硬件组态与编程地址

S7-300PLC 具有高速脉冲输出功能，使用前需要先进行硬件组态，设置相应的输出通道、脉冲周期以及其他参数。CPU 314C-2PN/DP 硬件组态界面如图 11-3 所示。

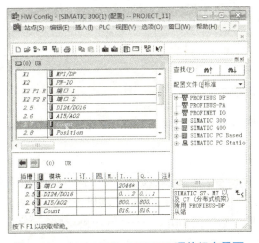

图 11-3　CPU 314C-2 PN/DP 硬件组态界面

双击选择图 11-3 中的"Count"选项,弹出"属性-Count"对话框,可见有 0～3 共 4 个通道可选。任何未被占用的通道都可以使用,但一个通道只能有一个用途。本项目选择"0"通道,工作模式选择"脉宽调制"。进入"脉宽调制"选项卡,设置输出格式为"Per mil",表示以周期的千分之一为单位进行脉宽计算。设置时基为"0.1 ms",设置接通延迟为"0"(表示不延迟),设置周期设为"4"(表示每秒输出 2 500 个脉冲),设置最小的脉冲宽度为"2"(为周期的一半)。参数设置如图 11-4 所示。

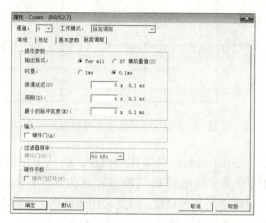

图 11-4 参数设置

选择"地址"选项卡,如图 11-5 所示。由"地址"选项卡可知,脉宽调制输出的系统默认地址从"816"开始到"831"结束共 16 个字节,每个通道占用 4 个字节。Count 子模块的地址为 816,换算成十六进制为"W#16#330"。脉宽调制对应的物理通道是数字输出 DO,脉宽调制"0"通道对应 Q0.0,"1"通道对应 Q0.1,依此类推。

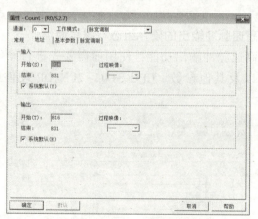

图 11-5 CPU 314C-2 PN/DP 脉宽调制输出地址

2. 正/反转控制程序

步进驱动器通过方向信号 DIR 控制步进电动机的转向,当按下正转启动按钮时,PLC 的 Q0.1 输出高电平给步进驱动器 DIR+,步进电动机正转;当按下反转启动按钮时,PLC 的 Q0.1 输出低电平给步进驱动器 DIR+,步进电动机反转。正/反转控制程序如图 11-6 所示。

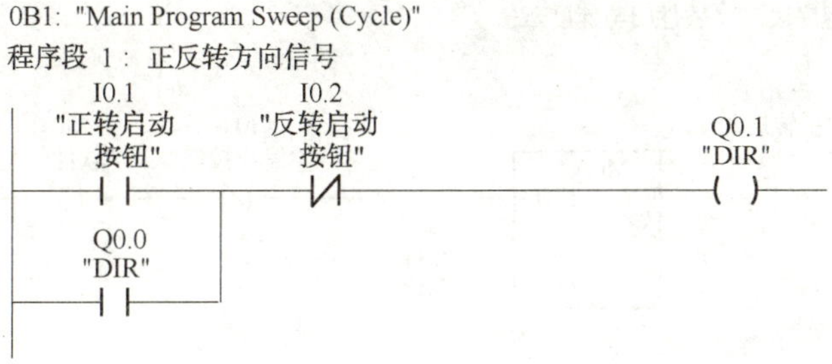

```
OB1: "Main Program Sweep (Cycle)"
程序段 1：正反转方向信号
     I0.1          I0.2
   "正转启动"    "反转启动"                              Q0.1
     按钮"         按钮"                                "DIR"
   ├─┤ ├─────────┤ / ├──────────────────────────────( )
     │
     │   Q0.0
     │  "DIR"
     └─┤ ├─
```

图 11-6　正/反转控制程序

3. 步进电动机速度控制程序

步进电动机的速度和控制脉冲的频率成正比，根据细分设置情况，可知实现 375 r/min 所需的脉冲频率为 2 500 Hz，对应的周期为 0.4 ms；实现 300 r/min 所需的脉冲频率为 2 000 Hz，对应的周期为 0.5 ms。S7-300 PLC 在设置好脉宽调制的硬件组态后，并不会直接输出所需的脉冲，需要在程序中调用专门的脉冲控制系统功能块 SFB49。SFB49 在编程软件中的获取路径为总览→库→Standard Library→System Function Blocks。其框图如图 11-7 所示。

SFB49 的输入/输出参数较多，详细说明可参考相关文档。本项目程序中需要使用的相关参数如下：

EN：使能，BOOL；
LADDR：子模块地址，WORD（十六进制）；
CHANNEL：通道号，INT；
SW_EN：软件门，BOOL；
OUTP_VAL：脉宽，INT；
JOB_REQ：作业请求，上升沿触发，BOOL；
JOB_ID：作业号，WORD（十六进制），W#16#0001 表示写周期；

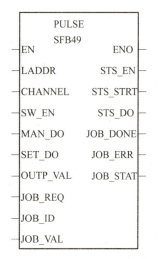

图 11-7　SFB49 框图

JOB_VAL：作业值，DINT。

使用 SFB49 时需要为其指定背景数据块。当使能输入"1"时，SFB49 开始工作。当 SW_EN 为"1"时，从指定的通道输出所需的脉冲序列；当 SW_EN 为"0"时，停止脉冲的输出。当 JOB_REQ 出现上升沿时，SFB49 根据 JOB_ID 进行指定类型的作业，并更新 JOB_VAL 所指定的参数。

本项目中正/反转速度不同，因此需要通过修改周期实现所需的速度。步进电动机速度控制程序如图 11-8 所示。

（六）下载 PLC 程序并运行

确认程序编写无误后，连接编程计算机和 PLC，把 PLC 程序下载到 PLC 中准备正式运行。在运行 PLC 程序前，要确认所有电路已正确连接，电源状态正常，所有开关处于正确位置。运行 PLC 程序时，分别试验正/反转操作，观察步进电动机是否按照控制要求进行转向和速度变换。按下停止按钮，步进电动机应停止运行。设备发生意外情况时要及时切断电源以确保安全。

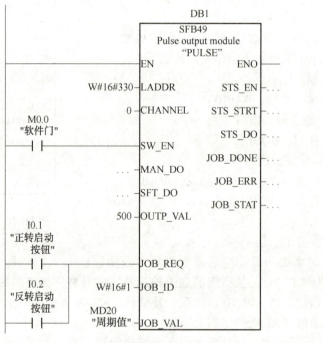

图 11-8 步进电动机速度控制程序

五、检查

本项目的主要任务是：确定输入/输出分配表，绘制步进电动机主电路图及 PLC-步进驱动器控制电路图，完成步进电动机主电路及 PLC-步进驱动器控制电路连接，完成 PLC 程序编写，完成 PLC 程序下载并控制步进电动机运行。

根据本项目的具体内容，设置表 11-4 所示的检查评分表，在实施过程和终结时进行必要的检查并填写检查评分表。

表 11-4　应用 PLC 脉宽调制功能实现步进电动机的速度控制项目检查评分表

项目	分值	评分标准	检查情况	得分
编制输入/输出分配表	10 分	1. 所有输入地址编排合理，节约硬件资源，元件符号与元件作用说明完整，得 5 分； 2. 所有输出地址编排合理，节约硬件资源，元件符号与元件作用说明完整，得 5 分		
绘制步进电动机主电路图及 PLC-步进驱动器控制电路图	10 分	1. 电路图元件齐全，标注正确，得 5 分； 2. 电路功能完整，布局合理，得 5 分		
连接步进电动机主电路及 PLC-步进驱动器控制电路	10 分	1. 安全违章，扣 10 分； 2. 安装不达标，每项扣 2 分		
设置步进驱动器	10 分	能根据控制需要正确设置驱动器，得 10 分		
编写步进电动机速度控制的 PLC 程序	50 分	1. 功能正确，程序段合理，得 30 分； 2. 符号表正确完整，得 10 分； 3. 绝对地址、符号地址显示正确，程序段注释合理，得 10 分		
下载 PLC 程序并运行	10 分	1. PLC 程序下载正确，PLC 指示灯正常，得 5 分； 2. PLC 程序运行操作正确，能实现预定功能，得 5 分		
合计	100 分			

六、评价

根据项目实施、检查情况及答复项目甲方质询情况，填写评价表。评价分为自评和他评（见表 11-5 和表 11-6）。评价的主要内容应包括实施过程简要描述、检查情况描述、存在的主要问题、解决方案等。

表 11-5　应用 PLC 脉宽调制功能实现步进电动机的速度控制项目自评表

签名：
日期：

表 11-6　应用 PLC 脉宽调制功能实现步进电动机的速度控制项目他评表

签名：
日期：

实践练习

一、资讯（项目需求）

某设备的工件进给装置采用两相步进电动机驱动，电动机型号为 2S86Q-051F6，配用的步进驱动器可实现 200 P/r 的细分，要求步进电动机能够实现正/反转，可分别运行在 750 r/min 和 600 r/min 两种速度下。设备设有正转启动按钮、反转启动按钮、速度选择按钮以及停止按钮。该设备采用 S7-300 PLC 进行控制，步进电动机、步进驱动器、控制电路按钮、PLC 等元器件已准备好，请根据控制要求完成以下任务：

(1) 确定输入/输出分配表；
(2) 完成步进电动机主电路图及 PLC-步进驱动器控制电路图；
(3) 完成步进电动机主电路及 PLC-步进驱动器控制电路连接；
(4) 完成 PLC 程序编写；
(5) 完成 PLC 程序下载并控制步进电动机运行。

二、计划

工件进给装置步进电动机控制项目工作计划见表 11-7。

表 11-7　工件进给装置步进电动机控制项目工作计划

序号	项目	内　容	时间	人员
1				
2				
3				
4				
5				
6				

三、决策

工件进给装置步进电动机控制项目决策表见表 11-8。根据任务要求和资源、人员的实际配置情况，按照工作计划，采取项目小组的方式开展工作，小组内实行分工合作，每位成员都要完成全部任务并提交项目评价表。

表 11-8　工件进给装置步进电动机控制项目决策表

签名：
日期：

四、实施

（一）编制输入/输出分配表（见表 11-9）

表 11-9　输入/输出分配表

输入			输出		
地址	元件符号	元件名称	地址	元件符号	元件名称

（二）绘制步进电动机主电路图及 PLC-步进驱动器控制电路图

(三) 进行步进驱动器细分设置 (见表 11-10)

表 11-10　步进驱动器细分设置

PPR	SW1	SW2	SW3	SW4

(四) PLC 程序

工件进给装置步进电动机控制项目实施记录表见表 11-11。

表 11-11　工件进给装置步进电动机控制项目实施记录表

签名： 日期：

五、检查

工件进给装置步进电动机控制项目检查评分表见表 11-12。

表 11-12　工件进给装置步进电动机控制项目检查评分表

项目	分值	评分标准	检查情况	得分
编制输入/输出分配表	10 分	1. 所有输入地址编排合理，节约硬件资源，元件符号与元件作用说明完整，得 5 分； 2. 所有输出地址编排合理，节约硬件资源，元件符号与元件作用说明完整，得 5 分		

续表

项目	分值	评分标准	检查情况	得分
绘制步进电动机主电路图及 PLC-步进驱动器控制电路图	10 分	1. 电路图元件齐全，标注正确，得 5 分； 2. 电路功能完整，布局合理，得 5 分		
连接步进电动机主电路及 PLC-步进驱动器控制电路	10 分	1. 安全违章，扣 10 分； 2. 安装不达标，每项扣 2 分		
设置步进驱动器	10 分	能根据控制需要正确设置驱动器，得 10 分		
编写步进电动机速度控制的 PLC 程序	50 分	1. 功能正确，程序段合理，得 30 分； 2. 符号表正确完整，得 10 分； 3. 绝对地址、符号地址显示正确，程序段注释合理，得 10 分		
下载 PLC 程序并运行	10 分	1. PLC 程序下载正确，PLC 指示灯正常，得 5 分； 2. PLC 程序运行操作正确，能实现预定功能，得 5 分		
合计	100 分			

六、评价

工件进给装置步进电动机控制项目自评和他评表见表 11-13 和表 11-14。

表 11-13　工件进给装置步进电动机控制项目自评表

签名：
日期：

表 11-14　工件进给装置步进电动机控制项目他评表

签名：
日期：

扩展提升

某设备的工件传送转盘采用两相步进电动机驱动，电动机型号为 2S86Q-4580，配用的步进驱动器可实现 400 P/r 的细分，要求步进电动机能够自动实现正/反转切换，正转速度为 300 r/min，运行 25 s，停止 5 s，然后反转，反转速度为 375 r/min，运行 20 s，停止 5 s，然后正转，按下停止按钮电动机停止运行。设备设有正转启动按钮、反转启动按钮以及停止按钮。该设备采用 S7-300 PLC 进行控制，步进电动机、步进驱动器、控制电路按钮、PLC 等元器件已准备好，请根据控制要求完成以下任务：

（1）确定输入/输出分配表；
（2）完成步进电动机主电路图及 PLC-步进驱动器控制电路图；
（3）完成步进电动机主电路及 PLC-步进驱动器控制电路连接；
（4）完成 PLC 程序编写；
（5）完成 PLC 程序下载并控制步进电动机运行。

项目 12　应用 PLC 高速计数功能实现步进电动机的位置控制

在实际应用中对定位精确控制的需求通常不亚于对速度的精确控制，比如机加工的时候进给速度对零件的表面质量有直接的影响，而零件的尺寸精度在很大程度上是取决于定位精度的。当对定位控制的要求较高时可采用闭环控制系统，但随之而来的问题是成本增高。由步进电动机的控制特点可知，步进电动机的转速和控制脉冲的频率成正比，步进电动机的转角和控制脉冲的数量成正比，因此步进电动机不但可以进行精确的速度控制，还能实现精准的定位。在步进电动机位置控制过程中没有反馈环节，精确的指令和精准的执行保证了控制精度，是开环控制系统实现精确控制的典范。

一、资讯

（一）项目需求

在项目 11 的设备中，工件送料定位装置采用三相步进电动机驱动，电动机型号为 3S57Q-04079，配用的步进驱动器可实现 400 P/r 的细分，步进电动机正转速度为 375 r/min，反转速度为 300 r/min。步进电动机和滚珠丝杠采用减速齿轮连接，减速比为 5。滚珠丝杠的导程为 8 mm，要求每正向进给 200 mm 后停止或者反向进给 100 mm 后停止，按下停止按钮则电动机立即停止。设备设有正转启动按钮、反转启动按钮以及停止按钮，采用 S7-300 PLC 进行控制，步进电动机、步进驱动器、控制电路按钮、PLC 等元器件已准备好，请根据控制要求完成以下任务：

（1）确定输入/输出分配表；
（2）完成 PLC-步进驱动器控制电路图；
（3）完成 PLC-步进驱动器控制电路连接；
（4）完成 PLC 程序编写；
（5）完成 PLC 程序下载并控制步进电动机运行。

（二）步进电动机开环位置控制

根据是否有反馈环节，可将步进电动机的控制系统分为开环控制系统和闭环控制系统。反馈环节用于把控制过程中的执行状态实时传送给控制器,控制器通过比较预期结果和中间状态的差异及时修改控制指令,并最终获得满足精度要求的控制输出。闭环控制系统能获得较高的控制精度,但往往系统比较复杂,成本较高。相比之下,开环控制系统如果能保证精确的指令和精准的执行,也有可能以较低的成本获得较高的精度,具有很高的性价比。步进电动机由于其独特的控制性能,不需要编码器等检测反馈元件就能够以确定的脉冲数量实现确定的转动角度而实现精确的定位。在步进电动机进行位置控制时,控制脉冲的数量与转过的角度成正比,所以确定所需的脉冲数量是实现定位控制的先决条件。

由于设备或机构最终的运动状态不一定与步进电动机的运动状态相同,因此在进行控制脉冲数量的确定时要先把输出的运动位移转换为步进电动机的转动角度或旋转圈数,进而根据步进驱动器细分设置的每圈步数计算得到对应的控制脉冲数量。

(三) 相关专业术语

Open Loop Control System:开环控制系统;
Closed Loop Control System:闭环控制系统;
Feedback:反馈;
Position:位置。

二、计划

根据项目需求,确定输入/输出分配表,完成 PLC-步进驱动器控制电路图,完成 PLC-步进驱动器控制电路连接,完成 PLC 程序编写,完成 PLC 程序下载并控制步进电动机运行。按照项目工作流程,制定表 12-1 所示的工作计划。

表 12-1 应用 PLC 高速计数功能实现步进电动机位置控制项目的工作计划

序号	项目	内容	时间/min	人员
1	编制输入/输出分配表	确定所需要的输入/输出点数并分配具体用途,编制输入/输出分配表(需提交)	5	全体人员
2	绘制 PLC-步进驱动器控制电路图	根据输入/输出分配表绘制 PLC-步进驱动器控制电路图	15	全体人员
3	连接 PLC-步进驱动器控制电路	根据电路图完成 PLC-步进驱动器控制电路连接	10	全体人员
4	编写步进电动机位置控制 PLC 程序	根据控制要求编写步进电动机位置控制 PLC 程序	25	全体人员
5	下载 PLC 程序并运行	把 PLC 程序下载到 PLC,实现步进电动机的速度控制	15	全体人员

三、决策

按照表 12-1 所示的工作计划,项目小组全体成员共同确定输入/输出分配表,然后分两个小组分别实施系统硬件装调、程序编写以及调试运行，合作完成任务并提交项目评价表。

四、实施

项目的实施必须在保证安全的前提下进行，应提前建立并熟悉项目检查事项及评价要素，在实施过程中予以充分重视，以确保项目顺利进行。

（一）编制输入/输出分配表

根据控制要求，需要设置正转启动按钮、反转启动按钮、停止按钮以及脉冲数量输入共 4 个输入点以及脉冲、方向 2 个输出点。其中，脉冲输出来自 S7-300 PLC 的 PWM 输出通道，使用特定的 DO 端口；脉冲数量输入来自 S7-300 PLC 的高速计数输入通道，使用特定的 DI 端口。输入/输出分配表见表 12-2。

表 12-2 输入/输出分配表

输入			输出		
地址	元件符号	元件名称	地址	元件符号	元件名称
I0.0	SB1	停止按钮	Q0.0	PULS（PLS）	脉冲信号
I0.1	SB2	正转启动按钮	Q0.1	DIR	方向信号
I0.2	SB3	反转启动按钮	—	—	—
I0.3	PULS（PLS）	脉冲数量	—	—	—

（二）绘制 PLC-步进驱动器控制电路图

本项目的控制脉冲由 PLC 的 Q0.0 输出端口输出，在连接到步进驱动器脉冲输入端口的同时还连接到 PLC 的高速计数输入端口进行计数。PLC-步进驱动器控制电路图如图 12-1 所示。

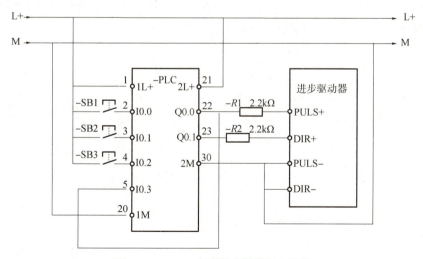

图 12-1 PLC-步进驱动器控制电路图

(三) 连接 PLC-步进驱动器控制电路

只需在 PLC-步进驱动器控制电路图的基础上，把 PLC 的 Q0.0 输出的脉冲信号连接到 PLC 的高速计数输入端口即可。

(四) 编写 PLC 程序

1. S7-300 PLC 高速计数的硬件组态与编程地址

S7-300 PLC 具有高速计数功能，使用前需要先进行硬件组态，设置相应的输入通道及其参数。CPU 314C-2PN/DP 硬件组态界面如图 12-2 所示。

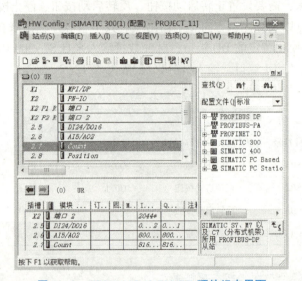

图 12-2　CPU 314C-2 PN/DP 硬件组态界面

双击选择图 12-2 中的"Count"选项，弹出"属性-Count"对话框。选择"0"通道为"脉宽调制"，然后选择"1"通道为"连续计数"，进入"计数"选项卡，如图 12-3 所示。"连续计数"常用于位置反馈的计数，因为步进电动机开环位置系统无反馈环节，所以此处用于对控制脉冲进行计数。

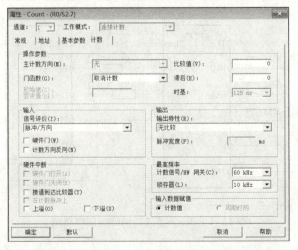

图 12-3　CPU 314C-2 PN/DP 连续计数组态

选择"地址"选项卡，如图 12-4 所示。由"地址"选项卡可知，连续计数输入的系统默认地址从"816"开始到"831"结束共 16 个字节，每个通道占用 4 个字节。Count 子模块的地址为 816，换算成十六进制为"W#16#330"。计数通道对应的物理通道是数字输入 DI，每个通道对应 3 个连续的地址，计数通道"1"对应 I0.3、I0.4 和 I0.5。其中，I0.3 是脉冲计数输入，I0.4 是计数方向，I0.5 是硬件门。

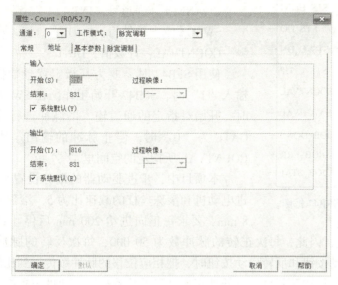

图 12-4　CPU 314C-2 PN/DP 连续计数输入地址

2. 正/反转控制程序

步进驱动器通过方向信号 DIR 控制步进电动机的转向，当按下正转启动按钮时，PLC 的 Q0.1 输出高电平给步进驱动器 DIR+，步进电动机正转；当按下反转启动按钮时，PLC 的 Q0.1 输出低电平给步进驱动器 DIR+，步进电动机反转。正/反转控制程序如图 12-5 所示。

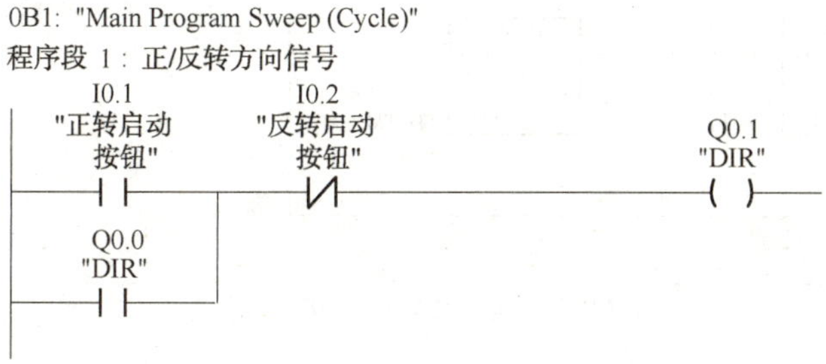

图 12-5　正/反转控制程序

3. 位置控制程序

步进电动机获得脉冲信号运转后，需要对脉冲数量进行计数，当达到所需的脉冲数量时停止脉冲的输出，步进电动机随即准确停止。为了对控制脉冲进行计数，需要在程序中调用专门的高速计数系统功能块 SFB47。SFB47 在编程软件中的获取路径为总览→库→Standard Library→System Function Blocks。其框图如图 12-6 所示。

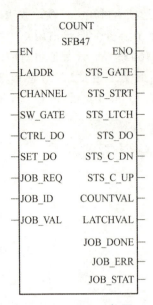

图 12-6　SFB47 框图

与 SFB49 类似，SFB47 的输入/输出参数也较多，详细说明可参考相关文档。本项目程序中需要使用的相关参数如下：

EN：使能，BOOL；

LADDR：子模块地址，WORD（十六进制）；

CHANNEL：通道号，INT；

SW_GATE：软件门，BOOL；

COUNTVAL：计数值，DINT。

使用 SFB47 时需要为其指定背景数据块。当使能输入"1"时，SFB47 开始工作。在 SW_GATE 为"1"时，开始对指定的通道输入的脉冲进行计数；当 SW_GATE 为"0"时，停止脉冲的输出。计数值输出到 COUNTVAL 所指定的空间里。

本项目中，步进驱动器的细分设置为 400 P/r，步进电动机和滚珠丝杠的减速比为 5，滚珠丝杠的导程为 8 mm，要求每正向进给 200 mm 后停止或者反向进给 100 mm 后停止，因此，每次正转的脉冲数为 50 000，每次反转的脉冲数为 25 000。在按下正转启动按钮和反转启动按钮时，把相应位移的脉冲数传送到比较器中，通过对脉冲计数值进行比较就可以方便地实现准确的位置控制。速度位置控制初始值程序如图 12-7 所示。

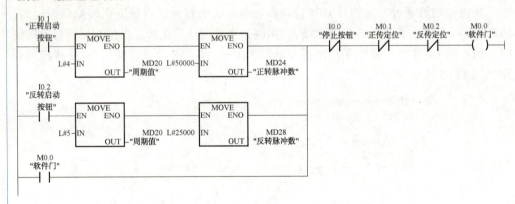

图 12-7　速度位置控制初始值程序

速度及位置控制程序如图 12-8 所示。

（五）下载 PLC 程序并运行

确认程序编写无误后，连接编程计算机和 PLC，把 PLC 程序下载到 PLC 中。在运行 PLC 程序前，要确认所有电路已正确连接，电源状态正常，所有开关处于正确位置。运行 PLC 程序时，分别试验正/反转操作，观察步进电动机是否按照控制要求进行转向和速度的变换，是否准确停在预期的位置。按下停止按钮，电动机应停止运行。设备发生意外情况时要及时切断电源以确保安全。

程序段 3：脉冲输出

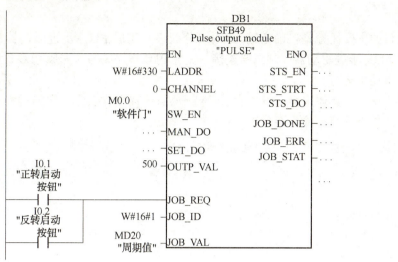

程序段 4：脉冲计数

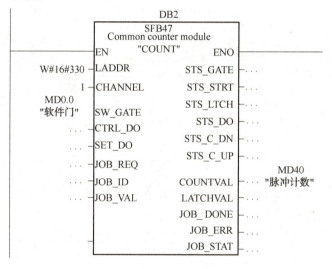

程序段 5：正转脉冲比较

程序段 6：反转脉冲比较

图 12-8　速度及位置控制程序

五、检查

本项目的主要任务是：确定输入/输出分配表，完成 PLC-步进驱动器控制电路图，完成 PLC-步进驱动器控制电路连接，完成 PLC 程序编写，完成 PLC 程序下载并控制步进电动机运行。

根据本项目的具体内容，设置表 12-3 所示的检查评分表，在实施过程和终结时进行必要的检查并填写检查评分表。

表 12-3　应用 PLC 高速计数功能实现步进电动机位置控制项目检查评分表

项目	分值	评分标准	检查情况	得分
编制输入/输出分配表	10 分	1. 所有输入地址编排合理，节约硬件资源，元件符号与元件作用说明完整，得 5 分； 2. 所有输出地址编排合理，节约硬件资源，元件符号与元件作用说明完整，得 5 分		
绘制 PLC-步进驱动器控制电路图	10 分	1. 电路图元件齐全，标注正确，得 5 分； 2. 电路功能完整，布局合理，得 5 分		
连接 PLC-步进驱动器控制电路	10 分	1. 安全违章，扣 10 分； 2. 安装不达标，每项扣 2 分		
编写步进电动机位置控制的 PLC 程序	60 分	1. 功能正确，程序段合理，得 30 分； 2. 符号表正确完整，得 10 分； 3. 绝对地址、符号地址显示正确，程序段注释合理，得 10 分		
下载 PLC 程序运行	10 分	1. PLC 程序下载正确，PLC 指示灯正常，得 5 分； 2. PLC 程序运行操作正确，能实现预定功能，得 5 分		
合计	100 分			

六、评价

根据项目实施、检查情况及答复项目甲方质询情况，填写评价表。评价分为自评和他评（见表 12-4 和表 12-5）。评价的主要内容应包括实施过程简要描述、检查情况描述、存在的主要问题、解决方案等。

表 12-4　应用 PLC 高速计数功能实现步进电动机位置控制项目自评表

签名：
日期：

表 12-5　应用 PLC 高速计数功能实现步进电动机位置控制项目他评表

| |
| |

签名：
日期：

实践练习

一、资讯（项目需求）

某设备的工件进给装置采用两相步进电动机驱动，电动机型号为 2S86Q-051F6，配用的步进驱动器可实现 200 P/r 的细分，要求步进电动机能够实现正/反转，可分别运行在 750 r/min 和 600 r/min 两种速度下。步进电动机和滚珠丝杠采用减速齿轮连接，减速比为 10。滚珠丝杠的导程为 10 mm，要求每正向进给 150 mm 后停止或者反向进给 100mm 后停止，按下停止按钮则步进电动机立即停止。设备设有正转启动按钮、反转启动按钮、速度选择按钮以及停止按钮。该设备采用 S7-300 PLC 进行控制，步进电动机、步进驱动器、控制电路按钮、PLC 等元器件已准备好，请根据控制要求完成以下任务：

(1) 确定输入/输出分配表；
(2) 完成 PLC-步进驱动器控制电路图；
(3) 完成 PLC-步进驱动器控制电路连接；
(4) 完成 PLC 程序编写；
(5) 完成 PLC 程序下载并控制步进电动机运行。

二、计划

工件进给装置步进电动机位置控制项目工作计划见表 12-6。

表 12-6　工件进给装置步进电动机位置控制项目工作计划

序号	项目	内容	时间	人员
1				
2				
3				
4				
5				

三、决策

工件进给装置步进电动机位置控制项目决策表见表 12-7。根据任务要求和资源、人员的实际配置情况，按照工作计划，采取项目小组的方式开展工作，小组内实行分工合作，每位成员都要完成全部任务并提交项目评价表。

表 12-7　工件进给装置步进电动机位置控制项目决策表

签名： 日期：

四、实施

（一）编制输入/输出分配表（见表 12-8）

表 12-8　输入/输出分配表

输入			输出		
地址	元件符号	元件名称	地址	元件符号	元件名称

（二）绘制步进电动机主电路图及 PLC-步进驱动器控制电路图

(三) PLC 程序

工件进给装置步进电动机位置控制项目实施记录表见表 12-9。

表 12-9　工件进给装置步进电动机位置控制项目实施记录表

签名：
日期：

五、检查

工件进给装置步进电动机位置控制项目检查评分表见表 12-10。

表 12-10　工件进给装置步进电动机位置控制项目检查评分表

项目	分值	评分标准	检查情况	得分
编制输入/输出分配表	10 分	1. 所有输入地址编排合理，节约硬件资源，元件符号与元件作用说明完整，得 5 分； 2. 所有输出地址编排合理，节约硬件资源，元件符号与元件作用说明完整，得 5 分		
绘制 PLC-步进驱动器控制电路图	10 分	1. 电路图元件齐全，标注正确，得 5 分； 2. 电路功能完整，布局合理，得 5 分		
连接 PLC-步进驱动器控制电路	10 分	1. 安全违章，扣 10 分； 2. 安装不达标，每项扣 2 分		

续表

项目	分值	评分标准	检查情况	得分
编写步进电动机位置控制的 PLC 程序	60 分	1. 功能正确，程序段合理，得 30 分； 2. 符号表正确完整，得 10 分； 3. 绝对地址、符号地址显示正确，程序段注释合理，得 10 分		
下载 PLC 程序运行	10 分	1. PLC 程序下载正确，PLC 指示灯正常，得 5 分； 2. PLC 程序运行操作正确，能实现预定功能，得 5 分		
合计	100 分			

六、评价

工件进给装置步进电动机位置控制项目自评和他评表见表 12-11 和表 12-12。

表 12-11　工件进给装置步进电动机位置控制项目自评表

签名：
日期：

表 12-12　工件进给装置步进电动机位置控制项目他评表

签名：
日期：

某设备的工件传送转盘采用两相步进电动机驱动，步进电动机型号为 2S86Q-4580，配用的步进驱动器可实现 400 P/r 的细分，要求步进电动机能够实现正/反转

切换，正转速度为 300 r/min，反转速度为 375 r/min，按下停止按钮则步进电动机停止运行。步进电动机和转盘之间采用减速器连接，减速比为 50。要求转盘正向转动 1/5 圈后停止或者反向转动 1/5 圈后停止，按下停止按钮则步进电动机立即停止。设备设有正转启动按钮、反转启动按钮以及停止按钮。该设备采用 S7-300 PLC 进行控制，步进电动机、步进驱动器、控制电路按钮、PLC 等元器件已准备好，请根据控制要求完成以下任务：

（1）确定输入/输出分配表；
（2）完成 PLC-步进驱动器控制电路图；
（3）完成 PLC-步进驱动器控制电路连接；
（4）完成 PLC 程序编写；
（5）完成 PLC 程序下载并控制步进电动机运行。

项目 13　通过伺服驱动器面板操作控制伺服电动机的运行

背景描述

步进电动机在一定程度上满足了人们对速度和位置的精确控制需求，但步进电动机具有转速不高、负载转矩不大、能源转换效率较低等缺点，它们限制了其在要求较高场合的使用。为了满足更高的控制要求，采用闭环控制系统成为必要选择。随着交流伺服技术的发展，交流伺服已在越来越多的应用领域取代了直流伺服，从而获得广泛应用。常见的永磁同步交流伺服电动机可以看成一个三相交流同步电动机和一个旋转编码器的组合体，在伺服驱动器的控制下，通过编码器对伺服电动机运动状态的反馈，伺服电动机得以实现精确的速度和位置控制。

示范实例

一、资讯

（一）项目需求

A 工厂为设备进行升级改造，增加了一台伺服电动机和配套的伺服驱动器，伺服电动机型号为安川 SGMGV-13A，伺服驱动器型号为安川 SGDV-120A。为了保证该设备能正确投入使用，请参考相关技术资料完成以下任务：

（1）绘制伺服驱动器主电路图；
（2）完成伺服驱动器与伺服电动机的主电路连接；
（3）通过伺服驱动器面板操作完成伺服电动机的试运行。

（二）交流伺服控制系统

目前所说的伺服控制系统通常指的是交流伺服控制系统。交流伺服控制系统一般由指令装置、伺服驱动器、交流伺服电动机、检测反馈装置以及运动输出机构等组成，是一种闭环控制系统，它通过比较控制指令和对速度、加速度、位移等运动要素的检测反馈信号，进行实时修正控制，实现精确的运动控制。常采用的交流伺服电动机为永磁同步交流伺服电动机（PMSM）。永磁同步交流伺服电动机的控制技术主要包括两种：一种是磁场定向矢量控制（FOC）技术，另一种是直接转矩控制（DTC）技术。这两种控制技术都是在对电动机进行精确的物理和数学建模的基础上，采用不同的控制策略来实现的。其中，磁场定向矢量控制技术采用转子磁链定向，实现了定子电流转矩分量与磁链分量的解耦，按线性系统理论对转速和磁链进行连续控制，从而获得较宽的调速范围。直接转矩控制技术是继磁场定向矢量控制技术之后又一新型电动机控制技术。其以定子磁链作为被控量，采用双位式砰-砰控制器，避免了旋转坐标转换，简化了控制结构，相比磁场定向矢量控制技术可获得更快的动态响应，但低速性能受到一定影响。直接转矩控制技术主要用于电气机车等大惯量运动控制系统，而磁场定向矢量控制技术更适合宽调速范围伺服系统。

从宏观上来看，伺服控制系统可以看成以新型变频技术为核心的运动控制闭环系统。和异步电动机一样，同步电动机也是在旋转磁场的驱动下产生旋转运动的。和异步电动机不一样的是，同步电动机的转子中存在自有磁场，无须通过转差获得转矩，因此同步电动机转子的转速和旋转磁场的转速是一致的。在实现旋转磁场精确控制的基础上，通过引入相关运动参量的闭环反馈控制，就可以实现包括位置、速度和转矩在内的复杂的运动控制。伺服控制系统工作时根据控制需要通常会同时对多个运动参量进行控制，即所谓的多环控制，如位置-速度和速度-转矩双闭环系统、位置-速度-转矩三闭环系统。在多环控制系统和位置控制系统中，一般位置环为外环，速度环或转矩环为内环。在速度控制系统中，速度环为外环，转矩环为内环。外环为最终控制量的控制环路，内环为控制过程中相关控制量的控制环路。常见的位置-速度-转矩三闭环伺服控制系统如图13-1所示。

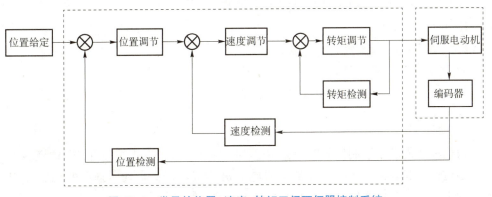

图13-1　常见的位置-速度-转矩三闭环伺服控制系统

（三）伺服电动机的控制方式

伺服电动机需要配套的伺服驱动器来控制，常见的控制方式有3种。

1. 位置控制方式

当需要实现精确的位置控制时，应该选用位置控制方式。在位置控制方式下，通过输入的控制脉冲对位置和速度进行控制。位置环是外环，速度环和转矩环是内环；速度环的反馈信号来自伺服电动机或被控装置，转矩环的反馈信号常来自伺服驱动器内部的输出电流检测。在位置控制方式下，系统的控制运算量最大，动态响应最慢。

2. 速度控制方式

当实现精确的速度控制为最终的控制目标时，应该选用速度控制方式。在速度控制方式下，可以通过模拟量输入信号或对脉冲频率的控制进行速度的控制。通常在速度控制方式下，速度环是外环，转矩环是内环，系统的控制运算量较大，动态响应比位置控制方式快。

3. 转矩控制方式

如果只对转矩有严格的控制要求，如某些张力控制系统，就采用转矩控制方式，它为单闭环控制系统。在转矩控制方式下，常采用模拟量输入信号来设定电动机的输出转矩，此时系统的控制运算量最小，动态响应最快。

（四）伺服驱动器使用的主要注意事项

伺服驱动器可以看成一种具有闭环反馈信号输入和处理功能的新型变频器，因此它在使用上和变频器相似，要注意环境、电磁干扰与屏蔽、主电路储能元件安全放电等方面的要求，以免产生负面影响甚至造成安全事故。

（五）相关专业术语

Servo Control System：伺服控制系统；
Servo Driver/Servo Amplifier：伺服驱动器/伺服放大器；
Servo Motor：伺服电动机；
PMSM：Permanent Magnet Synchronous Motor，永磁同步电动机；
FOC：Field Orientation Control，磁场定向控制；
VC：Vector Control，矢量控制；
DTC：Direct Torque Control，直接转矩控制；
Encoder：编码器；
Position Loop：位置环；
Velocity Loop：速度环；
Torque Loop（Current Loop）：转矩（电流）环。

二、计划

根据项目需求，绘制伺服驱动器主电路图，连接伺服驱动器与伺服电动机的主电路，通过伺服驱动器面板操作完成伺服电动机的试运行，实现所预期的伺服控制功能，为下一步进行伺服电动机的速度和位置自动控制做好准备。

按照项目工作流程，制定表 13-1 所示的工作计划。

表 13-1　通过伺服驱动器面板操作控制伺服电动机运行项目工作计划

序号	项目	内容	时间/min	人员
1	绘制伺服驱动器主电路图	绘制伺服驱动器主电路图	20	全体人员
2	连接伺服驱动器与伺服电动机的主电路	根据电路图完成电路连接	20	全体人员
3	进行伺服驱动器面板操作	根据要求完成伺服驱动器面板操作	40	全体人员

三、决策

按照表 13-1 所示的工作计划,项目小组全体成员共同确定所有工作任务。其中,伺服驱动器面板操作要根据需要分别完成并提交项目评价表。

四、实施

项目的实施必须在保证安全的前提下进行,应提前建立并熟悉项目检查事项及评价要素,在实施过程中予以充分重视,以确保项目顺利进行。本项目的连接主电路内容要求合理使用工具,正确选用导线,按工艺要求完成任务,确保电路安全可靠地运行。

(一)绘制伺服驱动器主电路图

根据项目需求可知,该伺服驱动器采用单相交流 200~230 V 电源,可直接使用小型空气断路器通断电源。伺服电动机编码器须连接到伺服驱动器。伺服驱动器和伺服电动机均进行保护接地。伺服驱动器主电路图如图 13-2 所示。

(二)连接变频器与伺服电动机的主电路

按工艺规范完成电路的连接。电路的连接主要需考虑元器件的布置安装、导线线径与颜色的选择、接线端子的选择与制作、线号标识的制作与排列,最终实现元器件布局间距合理、安装稳固可靠,布线整齐有序、松紧适宜,接线规范牢固、标识清晰明确。本项目中伺服驱动器的主电源和控制电源均采用 220 V 交流电源,要注意区分主电路和控制电路导线线径。在连接伺服驱动器的伺服电动机电源线时要特别注意伺服电动机电源线的 U、V、W 端要和伺服驱动器的 U、V、W 端一一对应,否则可能产生伺服电动机"飞车"的严重后果。伺服电动机的编码器必须与伺服驱动器可靠连接,否则伺服驱动器将产生报警,不能正常工作。

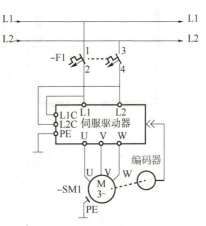

图 13-2 伺服驱动器主电路图

(三)伺服驱动器面板操作

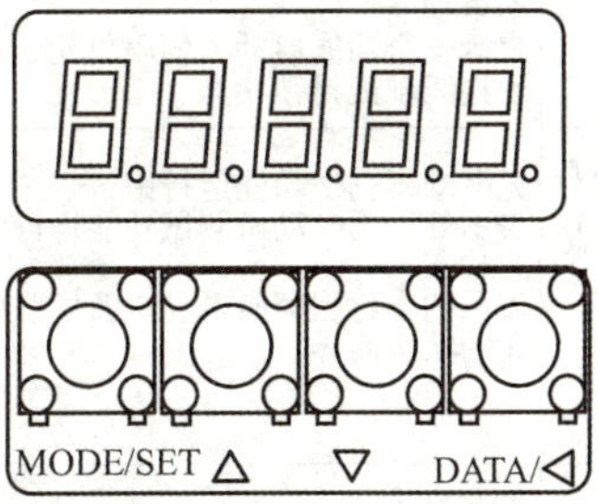

1. 伺服驱动器面板

本项目中伺服驱动器型号为安川 SGDV-120A,属于 Σ-V 系列。查阅安川 Σ-V 系列伺服驱动器使用手册可知,安川 Σ-V 系列伺服驱动器面板如图 13-3 所示。安川 Σ-V 系列伺服驱动器面板由 5 位 LED 数码管和 4 个按键组成。通过 5 位 LED 数码管可以显示状态、执行辅助功能、设定参数并监视伺服驱动器的动作。4 个按键分别为 MODE/SET 键、UP(△)键、DOWN 键(▽)以及 DATA/◁(DATA/

图 13-3 安川 Σ-V 系列伺服驱动器面板

SHIFT）键。MODE/SET 键用于切换显示以及确定设定值。安川 Σ-V 系列伺服驱动器共有 4 种设定模式，分别是状态显示、辅助功能、参数设定和监视显示模式，每按一次 MODE/SET 键就切换一个模式，如图 13-4 所示；UP（△）键用于增大设定值；DOWN（▽）键用于减小设定值；DATA/SHIFT 键用于显示设定值［按 DATA/◁（DATA/SHIFT）键约 1 s］或将数位向左移一位（数位闪烁时）。

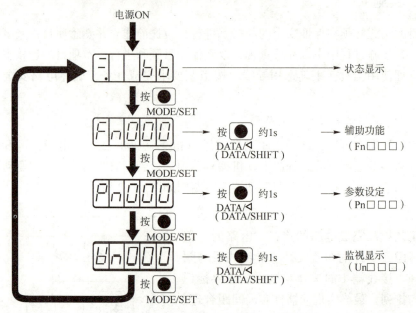

图 13-4　安川 Σ-V 系列伺服驱动器功能切换

安川 Σ-V 系列伺服驱动器在状态显示模式下，5 位 LED 数码管分别用于显示位数据和缩略符号，见表 13-2、表 13-3。

表13-2　安川Σ-V系列伺服驱动器状态显示模式（1）

缩略符号	意义	缩略符号	含义
bb	基极封锁中 表示伺服OFF状态	not	禁止反转驱动状态 表示输入信号（N-OT）为开路状态
run	运行中 表示伺服ON状态	Hbb	安全功能 表示安全功能启动，伺服单元处于硬接线基极封锁状态
Pot	禁止正转驱动状态 表示输入信号（P-OT）为开路状态	（状态显示示例：运行中伺服ON的状态） run 运行中伺服ON的状态 （交替显示） tst 无电动机测试中	无电动机测试功能运行中 表示处于无电动机测试功能运行中的状态 显示的变化因伺服电动机及伺服单元的状态而异
		020	警报状态 闪烁显示警报编号

表 13-3　安川 Σ-V 系列伺服驱动器状态显示模式（2）

显示	含义
	控制电源ON显示 伺服单元的控制电源ON时亮灯； 伺服单元的控制电源OFF时熄灭
	基极封锁显示 伺服OFF时亮灯； 伺服ON时熄灭
	速度一致（/V-CMP）显示（速度控制时） 伺服电动机的速度和指令速度之差在规定值内（通过 Pn503 设定，出厂设定值为10 min^{-1}）时亮灯，超出规定值时熄火 *转知控制时始终亮灯； 补允： 指令电压受到噪声影响时，面板操作器左侧数位上部的 "−" 符号将闪烁。 定位完成（/COIN）显示（位置控制） 位置指令和伺服电动机实际位置间的偏差在规定值内（通过 Pn522 设定，出厂设定值为7 指令单位）时亮灯，超出规定值时熄灭
	旋转检出（/TGON）显示 伺服电动机的速度高于规定值（通过 Pn502 设定，出厂设定值为20 min^{-1}）时亮灯，低于规定值时熄灭
	速度指令输入中显示（速度控制时） 输入中的速度指令大于规定值（通过 Pn502 设定，出厂设定值为20 $minr^{-1}$）时亮灯，小于规定值时熄灭 指令脉冲输入中显示（位置控制时） 有指令脉冲输入时亮灯。无清除信号输入时熄火
	转矩指令输入中显示(转矩控制时) 输入中的转矩指令大于规定值(额定转矩的10%)时亮灯，小于规定值时熄灭 清除信号输入中显示（位置控制时） 有清除信号输入时亮灯，无清除信号输入时熄灭
	电源准备就绪显示 主回路电源ON时亮灯，主回路电源OFF时熄灭

2. 辅助功能的操作

辅助功能用于执行与伺服驱动器的设置、调整相关的功能。在面板操作器上显示以 "Fn" 开头的编号。对于一些辅助功能，使用面板操作会存在不能操作或功能限制的情况。

以设定辅助功能 "Fn010" 为允许变更参数为例，其操作步骤如下：

（1）按 MODE/SET 键选择辅助功能；
（2）按 UP 或 DOWN 键显示 "Fn010"；
（3）按 DATA/SHIFT 键约 1 s，显示 "Fn010" 当前设定值；
（4）按 UP 或 DOWN 键设定为 "P.0000"，表示允许变更参数；
（5）按 MODE/SET 键确定设定；
（6）按 DATA/SHIFT 键约 1 s 将返回显示 "Fn010"；
（7）该参数设定结束后，再次接通伺服驱动器的电源以使设定生效。

3. 参数的操作

安川 Σ-V 系列伺服驱动器的参数包括运行伺服驱动器所需的设定用参数和调整伺服性能用的调谐用参数两大类，通常用户所设定的是设定用参数，调谐用参数一般无须用户设定，在面板操作器上显示以 "Pn" 开头的编号。参数根据内容的不同可分为数值设定型和功能选择型。数值设定型参数在 5 位以内时可以直接完整显示，超过 5 位后将分段显示，一次显示 4 位，最高位分别用数码管的上、中、下 3 个横杠符号闪烁代表高、中、低位段。通过 DATA/SHIFT 键切换要显示的位段。

以修改数值设定型参数"Pn304"为例，设定其值为"200"，代表伺服电动机点动运行（JOG）时的速度为 200 r/min，其操作步骤如下：

(1) 按 MODE/SET 键，进入参数设定状态；
(2) 按 UP 或 DOWN 键显示"Pn304"；
(3) 按 DATA/SHIFT 键约 1 s，显示"Pn304"当前设定值；
(4) 按 DATA/SHIFT 键，移动闪烁显示的数位到要修改的数位，按 UP 或 DOWN 键设定该数位的值，直至所有数位都完成修改；
(5) 按 MODE/SET 键确定设定；
(6) 按 DATA/SHIFT 键约 1 s，返回显示"Pn304"，该参数设定结束后立即生效。

以修改功能选择型参数"Pn00B.2"为例，"Pn00B.2"代表"Pn00B"的第二位（左起第三位），设定其值为"1"，表示伺服驱动器电源类型为单相电源。其操作步骤如下：

(1) 按 MODE/SET 键进入参数设定状态；
(2) 按 UP 或 DOWN 键，显示"Pn00B"；
(3) 按 DATA/SHIFT 键约 1 s，显示"Pn304"当前设定值；
(4) 按 DATA/SHIFT 键，移动闪烁显示的数位到第二位（左起第三位），按 UP 键设定该数位的值为"1"；
(5) 按 MODE/SET 键确定设定；
(6) 按 DATA/SHIFT 键约 1 s，返回显示"Pn00B"；
(7) 设定结束后，再次接通伺服驱动器的电源以使设定生效。

4. 监视显示的操作

监视显示功能用于在面板操作器上显示以"Un"开头的编号，对伺服驱动器中设定的指令值、输入/输出信号的状态以及伺服驱动器的内部状态进行监视（显示）。

以显示伺服电动机转速（Un000）为例，其操作步骤如下：

(1) 按 MODE/SET 键选择监视显示功能；
(2) 若参数编号显示的不是"Un000"，则按 UP 或 DOWN 键显示"Un000"；
(3) 按 DATA/SHIFT 键约 1 s，显示电动机转速；
(4) 再按 DATA/SHIFT 键约 1 s，返回显示"Un000"。

5. 伺服电动机点动运行的操作

点动运行是指不连接上位控制装置而通过面板速度控制来确认伺服电动机动作的功能，常用于试验伺服电动机电路连接是否正确，设备是否完好或在应急情况下对设备进行手动调整。

在进行伺服电动机点动运行之前，需要按表 13-4 所示进行基本设置，以满足伺服电动机点动运行的条件。

表 13-4　伺服电动机点动运行相关设置

项目	内容	说明
Fn010	P.0000	允许变更参数，重新上电生效
Pn50A.1	8	使能无效
Fn005	P.InIt	参数初始化
Pn00B.2	1	单相电源，重新上电生效
Pn304	100~200	伺服电动机点动运行速度值，即时生效

完成以上基本操作后，进行伺服电动机点动运行的操作步骤如下：
(1) 按 MODE/SET 键选择辅助功能；
(2) 按 UP 或 DOWN 键，显示 "Fn002"；
(3) 按 DATA/SHIFT 键约 1 s，进入伺服电动机点动运行准备状态；
(4) 按 MODE/SET 键，进入伺服 ON 状态；
(5) 按住 UP 或 DOWN 键，伺服电动机正转或反转；
(6) 按 MODE/SET 键或按 DATA/SHIFT 键约 1 s，进入伺服 OFF 状态；
(7) 按 DATA/SHIFT 键约 1 s，返回显示 "Fn002"。

五、检查

本项目的主要任务是：绘制伺服驱动器主电路图，连接伺服驱动器与伺服电动机的主电路，通过伺服驱动器面板操作完成伺服电动机的试运行，实现所预期的伺服控制功能，为下一步进行伺服电动机的速度和位置自动控制做好准备。

根据本项目的具体内容，设置表 13-5 所示检查评分表，在实施过程和终结时进行必要的检查并填写检查评分表。

表 13-5　通过伺服驱动器面板操作控制伺服电动机运行项目检查评分表

项目	分值	评分标准	检查情况	得分
绘制伺服驱动器主电路图	20 分	1. 电路图元件齐全，标注正确，得 5 分； 2. 电路功能完整，布局合理，得 5 分		
连接伺服驱动器与伺服电动机的主电路	20 分	1. 安全违章，扣 10 分； 2. 安装不达标，每项扣 2 分		
辅助功能的操作	10 分	能根据需要正确设定辅助功能，得 10 分		
参数的操作	10 分	能根据需要正确修改参数设定值，得 10 分		
监视显示的操作	10 分	能根据需要正确监视显示所需的状态，得 10 分		
伺服电动机点动运行的操作	30 分	1. 能根据需要正确设定辅助功能，得 10 分； 2. 能正确修改参数设定值，得 10 分； 3. 能实现所要求的操作，得 10 分		
合计	100 分			

六、评价

根据项目实施、检查情况及答复项目甲方质询情况，填写评价表。评价分为自评和他评（见表 13-6 和表 13-7）。评价的主要内容应包括实施过程简要描述、检查情况描述、存在的主要问题和解决方案等。

表 13-6　通过伺服驱动器面板操作控制伺服电动机运行项目自评表

签名： 日期：

表 13-7　通过伺服驱动器面板操作控制伺服电动机运行项目他评表

签名： 日期：

一、资讯（项目需求）

某公司进行生产线改造，其中一台选料电动机拟采用伺服控制。采用 SINAMICS V90 PTI 伺服驱动器和 SIMOTICS S-1FL6044-1AF61-2AA1 伺服电动机。为保证该设备能正确投入使用，请参考相关技术资料完成以下任务：

(1) 绘制伺服驱动器主电路图；
(2) 完成伺服驱动器与伺服电动机的主电路连接；
(3) 通过伺服驱动器面板操作完成伺服电动机的试运行。

二、计划

生产线选料电动机伺服控制试运行项目工作计划见表 13-8。

表 13-8　生产线选料电动机伺服控制试运行项目工作计划

序号	项目	内　容	时间	人员
1				
2				
3				
4				

三、决策

生产线选料电动机伺服控制试运行项目决策表见表 13-9。根据任务要求和资源、人员的实际配置情况，按照工作计划，采取项目小组的方式开展工作，小组内实行分工合作，每位成员都要完成全部任务并提交项目评价表。

表 13-9　生产线选料电动机伺服控制试运行项目决策表

签名： 日期：

四、实施

（一）绘制伺服驱动器主电路图

（二）进行伺服驱动器面板操作

生产线选料电动机伺服控制试运行项目实施记录表见表 13-10。

表13-10　生产线选料电动机伺服控制试运行项目实施记录表

签名：

日期：

五、检查

生产线选料电动机伺服控制试运行项目检查评分表见表13-11。

表13-11　生产线选料电动机伺服控制试运行项目检查评分表

项目	分值	评分标准	检查情况	得分
绘制伺服驱动器主电路图	20分	1. 电路图元件齐全，标注正确，得5分； 2. 电路功能完整，布局合理，得5分		
连接伺服驱动器与伺服电动机的主电路	20分	1. 安全违章，扣10分； 2. 安装不达标，每项扣2分		
进行伺服驱动器面板操作	30分	能根据需要正确操作面板，得30分		
进行伺服电动机点动运行操作	30分	1. 能根据需要正确设定参数，得15分； 2. 能实现所要求的操作，得15分		
合计	100分			

六、评价

生产线选料电动机伺服控制试运行项目自评表和他评表见表13-12和表13-13。

表13-12　生产线选料电动机伺服控制试运行项目自评表

签名：

日期：

表 13-13　生产线选料电动机伺服控制试运行项目他评表

| |
| |
| |
| |
| 签名：|
| 日期：|

扩展提升

某车间有一台薄膜卷绕机，其采用伺服控制，伺服驱动器型号为 ASDA-B2 系列，伺服电动机型号为 ECMA A-C21010ES，为保证该设备能正确投入使用，请参考相关技术资料完成以下任务：

（1）绘制伺服驱动器主电路图；
（2）完成伺服驱动器与伺服电动机的主电路连接；
（3）通过伺服驱动器面板操作完成伺服电动机的试运行。

项目14 应用速度控制模式实现伺服电动机的速度闭环控制

背景描述

相比于变频调速和步进开环速度控制,伺服系统的速度控制在技术指标上具有绝对优势。变频调速虽然可以精确地控制异步电动机旋转磁场的转速,但异步电动机因负载变化而变化的转差率导致其实际输出转速可能有较大的波动。步进开环速度控制虽然能达到较高的精度,但在调速范围和输出功率方面还是有较大的局限性。伺服系统既具有变频调速对旋转磁场的精准控制优势,又没有转差率对速度稳定的不利影响,还因闭环控制带来的反馈调整能及时消除外界影响,同时具有同步电动机功率密度大、能量转换效率高等优势,在当前的运动控制领域独树一帜,引领着运动控制技术的发展方向。

示范实例

一、资讯

(一) 项目需求

A 工厂对设备进行升级改造,增加了一台伺服电动机和配套的伺服驱动器,伺服电动机型号为安川 SGMGV-13A,伺服驱动器型号为安川 SGDV-120A。要求伺服电动机能够在 0~1 500 r/min 范围内实现正/反转运行。速度值由上位机传送给 S7-300 PLC,S7-300 PLC 输出模拟量到伺服驱动器,设备设有正转启动按钮、反转启动按钮以及停止按钮,相关元器件已准备好,请根据控制要求完成以下任务:

(1) 确定输入/输出分配表;
(2) 完成 PLC-伺服驱动器控制电路图;
(3) 完成 PLC-伺服驱动器控制电路连接;
(4) 完成伺服驱动器参数设置;
(5) 完成 PLC 程序编写;
(6) 完成 PLC 程序下载并控制伺服电动机运行。

(二) 编码器

1. 编码器的作用

在伺服控制系统中,编码器是构成闭合控制环路的重要元件,为系统提供至关重要的反馈信号。编码器是一种测量运动的传感器，用于把转动或平动的速度、方向和位置转换为脉冲信号输出。

2. 编码器的分类

（1）根据机械结构形式的不同，编码器可以分为旋转编码器（Rotary Encoder）和线性编码器（Linear Encoder）。

（2）根据编码方式的不同，编码器可分为增量型编码器（Incremental Encoder）和绝对值型编码器（Absolute Encoder），其中，绝对值型编码器包含单圈绝对值型编码器（Single-Turn Absolute Encoder）和多圈绝对值型编码器（Muliti-Turn Absolute Encoder）。增量型编码器和绝对值型编码器最主要的区别在于码盘的光栅不一样。增量型编码器的光栅在码盘上沿圆周均匀分布，输出的是均匀变化的脉冲序列。绝对值型编码器的光栅在码盘上是按同心圆分布的，每个同心圆称为一个"码道"，代表一个二进数的"位"，最外道为第 0 位（Bit0），往里依次是第 1 位（Bit1）、第 2 位（Bit2）、……绝对值型编码器输出的是一组二进制数。增量型编码器码盘圆周上的光栅数目越多，编码器的分辨率就越高；绝对值型编码器码盘上码道的数目越多，编码器的分辨率就越高。增量型编码器码盘和绝对值型编码器码盘示意如图 14-1 所示。

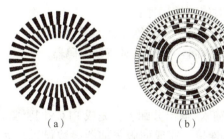

图 14-1 增量型编码器码盘和绝对值型编码器码盘示意
（a）增量型码盘；（b）绝对值型码盘

（3）根据检测工作原理的不同，编码器可分为光电编码器（Photoelectric Encoder）、磁性编码器（Magnetic Encoder）、电感式编码器（Inductive Encoder）以及电容式编码器（Capacitive Encoder）。其中，光电编码器主要由码盘和光电检测电路组成，分为透射型和反射型两种。伺服电动机使用的编码器通常为透射型光电编码器。透射型光电编码器的结构示意如图 14-2 所示。透射型光电编码器的码盘上刻有可以透过光线的光栅，光源经过棱镜透过光栅，由安装在光栅对面的光敏管接收后产生相应的电信号。当码盘随着伺服电动机一起旋转时，由于光栅的遮挡，透过光栅的光信号时有时无，光敏管于是产生与之对应的电脉冲信号。这个电脉冲信号的频率与伺服电动机转动的速度相对应，脉冲的数量与伺服电动机转过的角度相对应。通常会在光栅对面安装两个光敏管，根据两个光敏管产生的电脉冲的相位可以判断伺服电动机的转向。

（三）相关专业术语

Rotary Encoder：旋转编码器；

Linear Encoder：线性编码器；

Photoelectric Encoder/Optical Encoder：光电编码器；

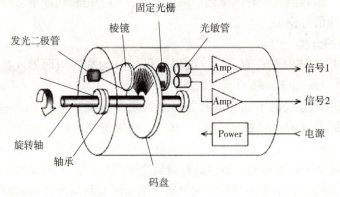

图14-2 透射型光电编码器的结构示意

Magnetic Encoder：磁性编码器；
Inductive Encoder：电感式编码器；
Capacitive Encoder：电容式编码器；
Incremental Encoder：增量型编码器；
Absolute Encoder：绝对值型编码器；
Single-turn Absolute Encoder：单圈绝对值型编码器；
Muliti-turn Absolute Encoder：多圈绝对值型编码器。

二、计划

根据项目需求，确定输入/输出分配表，完成 PLC-伺服驱动器控制电路图，完成 PLC-伺服驱动器控制电路连接，完成伺服驱动器参数设置，完成 PLC 程序编写，完成 PLC 程序下载并控制伺服电动机运行。按照项目工作流程，制定表 14-1 所示的工作计划。

表 14-1 应用速度控制模式实现伺服电动机速度闭环控制工作计划

序号	项目	内容	时间/min	人员
1	编制输入/输出分配表	确定所需要的输入/输出点数并分配具体用途，编制输入/输出分配表（需提交）	5	全体人员
2	绘制 PLC-伺服驱动器控制电路图	根据输入/输出分配表绘制 PLC-伺服驱动器控制电路图	15	全体人员
3	连接 PLC-伺服驱动器控制电路	根据电路图完成 PLC-伺服驱动器控制电路连接	15	全体人员
4	设置伺服驱动器	根据控制要求设置伺服驱动器	10	全体人员
5	编写伺服电动机速度控制的 PLC 程序	根据控制要求编写伺服电动机速度控制的 PLC 程序	25	全体人员
6	下载 PLC 程序并运行	把 PLC 程序下载到 PLC，实现伺服电动机的速度控制	10	全体人员

三、决策

按照表 14-1 所示的工作计划，项目小组全体成员共同确定输入/输出分配表，然后分两个小组分别实施系统硬件装调、伺服驱动器设置、PLC 程序编写以及调试运行，合作完成任务并提交项目决策表。

四、实施

项目的实施必须在保证安全的前提下进行，应提前建立并熟悉项目检查事项及评价要素，在实施过程中予以充分重视，以确保项目顺利进行。伺服驱动器的信号线较多，需要仔细测量核对。

（一）编制输入/输出分配表

根据控制要求，设置正转启动按钮、反转启动按钮和停止按钮共 3 个输入点以及速度指令 1 个输出点，速度指令为 PLC 的模拟电压输出。输入/输出分配表见表 14-2。

表 14-2 输入/输出分配表

输入			输出		
地址	元件符号	元件名称	地址	元件符号	元件名称
I0.0	SB1	停止按钮	AO0	V-REF	速度指令
I0.1	SB2	正转启动按钮	—	—	—
I0.2	SB3	反转启动按钮	—	—	—

（二）绘制 PLC-伺服驱动器控制电路图

本项目的伺服驱动器采用速度控制模式工作，PLC 提供的速度指令连接到伺服驱动器的 5、6 输入信号端。速度控制闭环由编码器构成，编码器输出的脉冲频率即反馈的速度信号。PLC-伺服驱动器控制电路图如图 14-3 所示。

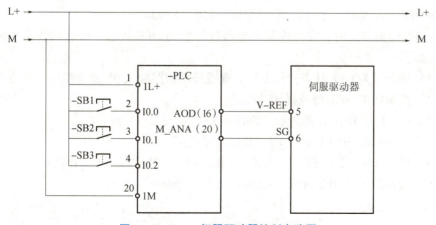

图 14-3 PLC-伺服驱动器控制电路图

项目 14 应用速度控制模式实现伺服电动机的速度闭环控制

(三) 连接 PLC-伺服驱动器控制电路

伺服驱动器的速度控制模式信号连接较为简单，把 PLC 的模拟电压输出端连接到速度指令 V-REF 端，将模拟信号公共地连接到伺服驱动器的信号地 SG 端。务必把编码器的信号端子插入伺服驱动器的编码器信号插座并保证可靠连接。除了连接正确之外，信号线的走向也要根据实际情况合理安排，要和电源线保持合理的间距以避免电磁干扰。

(四) 设置伺服驱动器

在进行速度控制模式运行之前，需要按表 14-3 所示进行伺服驱动器的相关设置，以满足速度控制模式的运行条件。伺服电动机 SGMGV-13A 的额定转速是 1 500 r/min，对应额定转速的速度指令为 10V 电压。该值存放在参数 "Pn300" 中。

表 14-3 伺服驱动器的相关设置

项目	内容	说明
Fn010	P.0000	允许变更参数，重新上电生效
Fn005	P.InIt	参数初始化
Pn00B.2	1	单相电源，重新上电生效
Pn000.1	0	设定伺服驱动器为速度控制模式
Pn50A	8170	可正转驱动，重新上电生效
Pn50B	6548	可反转驱动，重新上电生效
Pn300	1000	额定转速指令值

使用速度控制时，即使指令为 0 V 电压，伺服电动机也有可能微速旋转。这是因为伺服驱动器内部的指令发生了微小偏差。在伺服电动机进行微速旋转时，需要使用偏置量的调整功能来消除。偏置量调整有自动调整和手动调整两种模式。自动调整使用辅助功能 "Fn009"，手动调整使用辅助功能 "Fn00A"。

自动调整偏置量时，应允许写入参数且伺服为 OFF 状态，自动调整偏置量的操作步骤如下：

(1) 使伺服为 OFF 状态，从上位装置或外部回路输入 0V 指令电压；
(2) 按 MODE/SET 键选择辅助功能；
(3) 按 UP 或 DOWN 键显示 "Fn009"；
(4) 按 DATA/SHIFT 键约 1 s，显示 "rEF_o"；
(5) 按 MODE/SET 键后，"donE" 闪烁约 1 s，然后切换为 "rEF_o"；
(6) 按 DATA/SHIFT 键约 1 s，返回显示 "Fn009"。

(五) 编写 PLC 程序

1. S7-300 PLC 模拟量输出的硬件组态

本项目的 PLC 输出到伺服驱动器的速度指令为 +/- 10 V，对应伺服电动机

+/-1 500 r/min 的转速范围，因此需要设置 AO0 输出类型为"V"（表示电压），输出范围为"+/-10 V"，如图 14-4 所示。

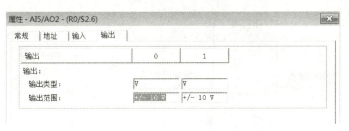

图 14-4　CPU 314C-2 PN/DP 模拟量电压输出属性

2. 伺服电动机速度控制程序

本项目给定的速度值为绝对值，方向由相应的按钮确定，因此需要根据具体的方向调整速度值到-1 500~+1 500 r/min 之间。当正转时，给定速度值保持为正数不变；当反转时，给定速度值变为负数。如果给定速度值是整数，则需要把整数转换成实数。伺服电动机速度控制程序如图 14-5 所示。

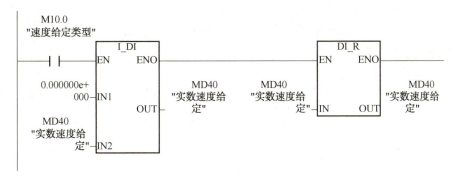

图 14-5　伺服电动机速度控制程序

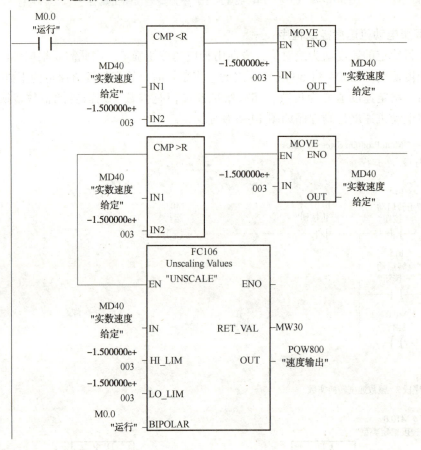

图14-5 伺服电动机速度控制程序（续）

（六）下载 PLC 程序并运行

在确认程序编写无误后，连接编程计算机和 PLC，把 PLC 程序下载到 PLC 中。在运行 PLC 程序前，要确认所有电路已正确连接，电源状态正常，所有开关处于正确位置。在运行 PLC 程序时，分别试验正/反转操作，观察伺服电动机是否按照控制要求进行转向和速度的变换。按下停止按钮，电动机应停止运行。注意：在设备发生意外情况时要及时切断电源以确保安全。

五、检查

本项目的主要任务是：确定输入/输出分配表，绘制 PLC-伺服驱动器控制电路图，完成 PLC-伺服驱动器控制电路连接，完成伺服驱动器参数设置，完成 PLC 程序编写，完成 PLC 程序下载并控制伺服电动机运行。显示警告或警报代码时要查阅技术手册及时查找原因并排除。

根据本项目的具体内容，设置表 14-4 所示的检查评分表，在实施过程和终结时进行必要的检查并填写检查评分表。

表 14-4 应用速度控制模式实现伺服电动机速度闭环控制项目检查评分表

项目	分值	评分标准	检查情况	得分
编制输入/输出分配表	10 分	1. 所有输入地址编排合理，节约硬件资源，元件符号与元件作用说明完整，得 5 分； 2. 所有输出地址编排合理，节约硬件资源，元件符号与元件作用说明完整，得 5 分		
绘制 PLC-伺服驱动器控制电路图	10 分	1. 电路图元件齐全，标注正确，得 5 分； 2. 电路功能完整，布局合理，得 5 分		
连接 PLC-伺服驱动器控制电路	10 分	1. 安全违章，扣 10 分； 2. 安装不达标，每项扣 2 分		
设置伺服驱动器	10 分	能根据控制需要正确设置伺服驱动器，得 10 分		
编写伺服电动机速度控制的 PLC 程序	50 分	1. 功能正确，程序段合理，得 30 分； 2. 符号表正确完整，得 10 分； 3. 绝对地址、符号地址显示正确，程序段注释合理，得 10 分		
下载 PLC 程序并运行	10 分	1. PLC 程序下载正确，PLC 指示灯正常，得 5 分； 2. PLC 程序运行操作正确，能实现预定功能，得 5 分		
合计	100 分			

六、评价

根据项目实施、检查情况及答复项目甲方质询情况，填写评价表。评价分为自评和他评（见表 14-5 和表 14-6）。评价的主要内容应包括实施过程简要描述、检查情况描述、存在的主要问题和解决方案等。

表 14-5　应用速度控制模式实现伺服电动机速度闭环控制项目自评表

签名：

日期：

表 14-6　应用速度控制模式实现伺服电动机速度闭环控制项目他评表

签名：

日期：

实践练习

一、资讯（项目需求）

某公司进行生产线改造，其中一台选料电动机拟采用伺服控制。采用 SINAMICS V90 PTI 伺服驱动器和 SIMOTICS S-1FL6044-1AF61-2AA1 伺服电动机。要求伺服电动机能够在 0~3 000 r/min 范围内实现正/反转运行。设备设有正转启动按钮、反转启动按钮、速度选择按钮以及停止按钮。该设备采用 S7-300 PLC 进行控制，相关元器件已准备好，请根据控制要求完成以下任务：

（1）确定输入/输出分配表；

（2）完成 PLC-伺服驱动器控制电路图；

（3）完成 PLC-伺服驱动器控制电路连接；

（4）完成伺服驱动器参数设置；

（5）完成 PLC 程序编写；

（6）完成 PLC 程序下载并控制伺服电动机运行。

二、计划

生产线选料伺服电动机速度控制项目工作计划见表 14-7。

表 14-7　生产线选料伺服电动机速度控制项目工作计划

序号	项目	内　　容	时间	人员
1				
2				
3				
4				
5				
6				

三、决策

生产线选料伺服电动机速度控制项目决策表见表 14-8。根据任务要求和资源、人员的实际配置情况，按照工作计划，采取项目小组的模式开展工作，小组内实行分工合作，每位成员都要完成全部任务并提交项目评价表。

表 14-8　生产线选料伺服电动机速度控制项目决策表

签名： 日期：

四、实施

（一）编制输入/输出分配表（见表 14-9）

表 14-9　输入/输出分配表

输入			输出		
地址	元件符号	元件名称	地址	元件符号	元件名称

学习笔记

（二）绘制 PLC-伺服驱动器控制电路图

（三）伺服驱动器设置（见表 14-10）

表 14-10　伺服驱动器设置

项目	内容	说明

（四）PLC 程序

生产线选料伺服电动机速度控制项目实施记录表见表 14-11。

表 14-11　生产线选料伺服电动机速度控制项目实施记录表

签名：
日期：

五、检查

生产线选料伺服电动机速度控制项目检查评分表见表 14-12。

表 14-12　生产线选料伺服电动机速度控制项目检查评分表

项目	分值	评分标准	检查情况	得分
编制输入/输出分配表	10 分	1. 所有输入地址编排合理，节约硬件资源，元件符号与元件作用说明完整，得 5 分； 2. 所有输出地址编排合理，节约硬件资源，元件符号与元件作用说明完整，得 5 分		
绘制 PLC-伺服驱动器控制电路图	10 分	1. 电路图元件齐全，标注正确，得 5 分； 2. 电路功能完整，布局合理，得 5 分		
连接 PLC-伺服驱动器控制电路	10 分	1. 安全违章，扣 10 分； 2. 安装不达标，每项扣 2 分		
设置伺服驱动器	10 分	能根据控制需要正确设置驱动器，得 10 分		
编写伺服电动机速度控制的 PLC 程序	50 分	1. 功能正确，程序段合理，得 30 分； 2. 符号表正确完整，得 10 分； 3. 绝对地址、符号地址显示正确，程序段注释合理，得 10 分		
下载 PLC 程序并运行	10 分	1. PLC 程序下载正确，PLC 指示灯正常，得 5 分； 2. PLC 程序运行操作正确，能实现预定功能，得 5 分		
合计	100 分			

六、评价

生产线选料伺服电动机速度控制项目自评表和他评表见表 14-13 和表 14-14。

表 14-13　生产线选料伺服电动机速度控制项目自评表

签名：
日期：

表 14-14　生产线选料伺服电动机速度控制项目他评表

签名：
日期：

扩展提升

某车间有一台输送机，其采用伺服控制，伺服驱动器型号为 ASDA-B2 系列，伺服电动机型号为 ECMA A-C21010ES，要求伺服电动机能够在 0~3 000 r/min 范围内实现正/反转运行。设备设有正转启动按钮、反转启动按钮以及停止按钮。该设备采用 S7-300 PLC 进行控制，相关元器件已准备好，请根据控制要求完成以下任务：

(1) 确定输入/输出分配表；
(2) 完成 PLC-伺服驱动器控制电路图；
(3) 完成 PLC-伺服驱动器控制电路连接；
(4) 完成伺服驱动器参数设置；
(5) 完成 PLC 程序编写；
(6) 完成 PLC 程序下载并控制伺服电动机运行。

项目15 应用位置控制模式实现伺服电动机的位置闭环控制

背景描述

虽然能够对速度和转矩进行精确的控制，但相对于普通电动机来说，伺服电动机最重要的用途还是进行位置控制。在实际应用中，对精确的位置控制有着广泛的需求，比如印刷伺服控制、数控机床伺服控制和机器人伺服控制等。位置控制的过程实际上包括对速度和位置两个方面的控制，通常以指令脉冲作为输入信号，控制伺服电动机跟随指令的变化进行加速度、速度以及位移等方面的控制。简单来说，就是在要求的时间内准确地到达预期的位置。通常对自动控制系统所要求的"稳、快、准"，归结到位置伺服控制，就是加/减速快、运行稳、到达目的位置准。

示范实例

一、资讯

（一）项目需求

A工厂对设备进行升级改造，增加了一台伺服电动机，型号为安川SGMGV-13A，配套的伺服驱动器型号为安川SGDV-120A。伺服电动机和滚珠丝杠刚性直连，滚珠丝杠的导程为6 mm，要求每脉冲对应位移量为5 μm（脉冲当量），能够以600 mm/min的速度正向运行或者以750 mm/min的速度反向运行。设备设有正转启动按钮、反转启动按钮、停止按钮以及正/反向两个限位开关。设备每次正向进给200 mm后停止或反向进给300 mm后停止，按下停止按钮则伺服电动机立即停止。系统采用S7-300 PLC进行控制，相关元器件已准备好，请根据控制要求完成以下任务：

(1) 确定输入/输出分配表；
(2) 完成PLC-伺服驱动器控制电路图；
(3) 完成PLC-伺服驱动器控制电路连接；
(4) 完成伺服驱动器参数设置；
(5) 完成PLC程序编写；
(6) 完成PLC程序下载并控制伺服电动机运行。

(二) 脉冲当量与电子齿轮比

位置伺服控制系统的位置指令为脉冲序列，脉冲数量决定了位移量的大小。实际设备的机械传动方式各异，传动比不一，使不同系统中的脉冲数量与位移量存在不同的比值关系。这一方面造成脉冲数量与位移量的转化计算烦琐复杂，另一方面传动比和位移距离之间的比值无法整除可能导致脉冲数量的计算误差，造成无谓的控制精度损失。因此，在实际的位置伺服控制系统中，都会设置电子齿轮比这个计算参数，通过对电子齿轮比的调整，保证任何位移量都有唯一确定的脉冲数量与之精确对应。通常把一个脉冲所对应的位移量称为脉冲当量。脉冲当量往往是设备的最小设定单位，根据需要可取不同的值。当指令脉冲频率不变时，脉冲当量越小则设备可能达到的精度就越高，但同时运动的速度越低。

电子齿轮比包括两个参数，一个是电子齿轮比分母，另一个是电子齿轮比分子，它们的比值就像在系统中设置了一对传动齿轮，因此得名电子齿轮比。相比实际存在的物理齿轮，电子齿轮比可以根据需要方便地修改，从而满足脉冲当量这一基本计算要求，大大减少了系统的计算工作量，相对提高了系统的精度。电子齿轮比是位置伺服控制系统中不可或缺的重要参数之一。当设置好电子齿轮比之后，为了获得较大的速度范围，可以使用指令脉冲输入倍率。指令脉冲输入倍率的作用是以较低的输入脉冲频率获得较大的输出速度。

(三) 相关专业术语

Pulse Equivalent：脉冲当量；

Electronic Gear Proportion：电子齿轮比；

Numerator：分子；

Denominator：分母；

Resolution：分辨率；

Accuracy：精度；

Repeatability：重复精度。

二、计划

根据项目需求，确定输入/输出分配表，绘制 PLC-伺服驱动器控制电路图，完成 PLC-伺服驱动器控制电路连接，完成伺服驱动器参数设置，完成 PLC 程序编写，完成 PLC 程序下载并控制伺服电动机运行。按照项目工作流程，制定表 15-1 所示的工作计划。

表 15-1 应用位置控制模式实现伺服电动机位置闭环控制项目工作计划

序号	项目	内容	时间/min	人员
1	编制输入/输出分配表	确定所需要的输入/输出点数并分配用途，编制输入/输出分配表（需提交）	5	全体人员
2	绘制 PLC-伺服驱动器控制电路图	根据输入/输出分配表绘制 PLC-伺服驱动器控制电路图	15	全体人员

续表

序号	项目	内容	时间/min	人员
3	连接 PLC-伺服驱动器控制电路	根据电路图完成 PLC-伺服驱动器控制电路连接	15	全体人员
4	设置伺服驱动器参数	根据控制要求设置伺服驱动器参数	10	全体人员
5	编写伺服电动机位置控制的 PLC 程序	根据控制要求编写伺服电动机位置控制的 PLC 程序	25	全体人员
6	下载 PLC 程序并运行	把 PLC 程序下载到 PLC,实现伺服电动机的速度控制	10	全体人员

三、决策

按照表 15-1 所示的工作计划,项目小组全体成员共同确定输入/输出分配表,然后分两个小组分别实施系统硬件装调、伺服驱动器参数设置、PLC 程序编写以及调试运行,合作完成任务并提交项目评价表。

四、实施

项目的实施必须在保证安全的前提下进行,应提前建立并熟悉项目检查事项及评价要素,在实施过程中予以充分重视,以确保项目顺利进行。必须在测试限位功能是否完好之后再调试伺服电动机运行。

(一)编制输入/输出分配表

根据控制要求,需要设置正转启动按钮、反转启动按钮、停止按钮以及指令脉冲数量输入共 4 个输入点以及指令脉冲、方向 2 个输出点,其中脉冲输出来自 S7-300 PLC 的 PWM 输出通道"0",使用 DO 端口 Q0.0;脉冲数量输入来自 S7-300 PLC 的高速计数输入通道"1",使用 DI 端口 I0.3。输入/输出分配表 15-2。

表 15-2 输入/输出分配表

输入			输出		
地址	元件符号	元件名称	地址	元件符号	元件名称
I0.0	SB1	停止按钮	Q0.0	PULS	指令脉冲
I0.1	SB2	正转启动按钮	Q0.1	SIGN	方向信号
I0.2	SB3	反转启动按钮	—	—	—
I0.6	SQ1	正向限位	—	—	—
I0.7	SQ2	反向限位	—	—	—
I0.3	PULS	脉冲计数	—	—	—

(二) 绘制 PLC-伺服驱动器控制电路图

本项目的位置控制闭环由编码器输出反馈信号到伺服驱动器实现,伺服驱动器对位置进行闭环控制,指令脉冲由 PLC 的高速脉冲 PWM 通道 "0" 产生,从 Q0.0 端口输出,在连接到伺服驱动器脉冲输入端的同时还连接到 PLC 的高速计数输入端进行计数。高速计数通道 "1" 占用了 I0.3、I0.4、I0.5 三个输入端口,I0.6、I0.7 用于正/反向限位信号的输入。PLC-伺服驱动器控制电路图如图 15-1 所示。

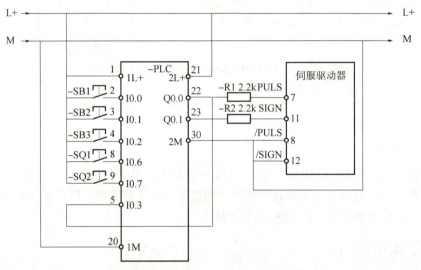

图 15-1 PLC-伺服驱动器控制电路图

(三) 连接 PLC-伺服驱动器控制电路

本项目的 I0.3 用作高速脉冲计数输入,因 I0.4、I0.5 与 I0.3 同属计数通道"1",因此予以保留,正/反向限位开关使用 I0.6 和 I0.7,连接电路时需要格外留意,以免接错电路造成程序运行结果与预期不相符而难于查找原因。S7-300 PLC 输出信号电压为 24 V,而伺服驱动器输入信号电压为 5 V,PLC 的脉冲信号和方向信号必须经过限流电阻才能连接到伺服驱动器,以防止伺服驱动器信号接口因过流而损坏。

(四) 设置伺服驱动器

在进行位置控制模式运行之前,需要对伺服驱动器的相关参数进行设置,其中电子齿轮比和指令脉冲形态的设置尤为重要。根据项目需求可知,伺服电动机型号为安川 SGMGV-13A,配套的伺服驱动器型号为安川 SGDV-120A。伺服电动机和滚珠丝杠刚性直连,滚珠丝杠的导程为 6 mm,要求脉冲当量为 5 μm,能够以 600 mm/min 的速度正向运行或者以 750 mm/min 的速度反向运行。据此可以进行电子齿轮比的计算。

电子齿轮比与编码器分辨率成正比,与伺服电动机每转所需脉冲数成反比,与机械减速比成正比。本项目中伺服电动机型号为安川 SGMGV-13A,所配用的 20 位增量型编码器分辨率为 1 048 576 P/r;伺服电动机和滚珠丝杠刚性直连,机械减速比为 1;滚珠丝杠的导程为 6 mm,脉冲当量为每脉冲 5 μm,伺服电动机所需脉冲数为 1 200 P/r。电子齿轮比的分子、分母分别存放在伺服驱动器参数 "Pn20E" 和 "Pn210" 中,因此,设置参数 "Pn20E" 的值为 "1 048 576",设置参数 "Pn210" 的值为 "1 200",即电子齿轮比为"1 048 576/1 200",满足项目脉冲当量为 5 μm 的要求。

本项目中控制指令采取"脉冲+方向"的形式,脉冲输出位高电平有效,对应伺服驱动器中指令形态参数"Pn200.0"设置值为"0"。伺服驱动器的相关设置见表 15-3。

表 15-3　伺服驱动器的相关设置

项目	内容	说明
Fn010	P.0000	允许变更参数,重新上电生效
Fn005	P.InIt	参数初始化
Pn00B.2	1	单相电源,重新上电生效
Pn000.1	1	位置控制模式,重新上电生效
Pn200.0	0	符号"+"脉冲序列(正逻辑)
Pn50A	8170	可正转驱动,重新上电生效
Pn50B	6548	可反转驱动,重新上电生效
Pn20E	1048576	电子齿轮比分子
Pn210	1200	电子齿轮比分母

(五) 编写 PLC 程序

1. 指令脉冲的确定

进行伺服电动机位置控制时,既需要对位置进行控制,也需要对速度进行控制。用于控制位置的是指令脉冲的数量,用于控制速度的是指令脉冲的频率(周期)。

根据项目要求,滚珠丝杠的导程为 6 mm,在脉冲当量为 5 μm 的情况下,伺服电动机所需脉冲数为 1 200 P/min,正向以 600 mm/min 的速度对应的指令脉冲频率为 2 000 Hz,其周期为 0.5 ms;反向以 750 mm/min 的速度对应的指令脉冲频率为 2 500 Hz,其周期为 0.4 ms。在 CPU 314C-2 PN/DP 硬件组态中,打开"属性-Count-(R0/S2.7)"对话框在"脉宽调制"选项卡(如图 15-2 所示)中选择"时基"为"0.1 ms","周期"设为"4",表示 0.4 ms,输出 2 500 P/r,完成后保存编译退出。在硬件组态中只能设置一种脉冲周期,其余的可以在程序中通过赋值的方式完成。正向进给 200 mm 的位移量需要 40 000 个脉冲,反向进给 300 mm 的位移量需要 60 000 个脉冲。

2. 正/反转控制程序

伺服驱动器通过方向信号 SIGN 控制伺服电动机的转向,当按下正转启动按钮时,PLC 的 Q0.1 输出高电平给伺服驱动器 SIGN 端,伺服电动机正转;当按下反转启动按钮时,PLC 的 Q0.1 输出低电平给伺服驱动器 SIGN 端,伺服电动机反转。正/反转控制程序如图 15-3 所示。

3. 位置控制程序

伺服驱动器在获得指令脉冲后驱动伺服电动机运转,出于安全考虑,系统中设有正向限位和反向限位。当某个方向的限位开关被触发时,其常开触点闭合,伺服电动机将立刻停止这个方向的运行。在程序中,指令脉冲的产生是由软件门控制的,因此,需要将限位信号加入软件门的控制程序。当指令脉冲数量达到预设值时,PLC 停止发送指令脉冲,伺服电动机随即准确停止。伺服电动机正转时指令脉冲周期设置值

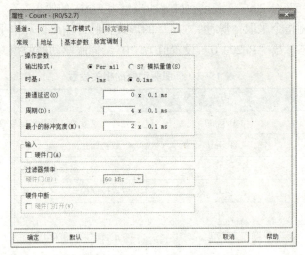

学习笔记

图 15-2 “脉宽调制”选项卡

OB1: "Main Program Sweep (Cycle)"

程序段1: 正/反转方向信号

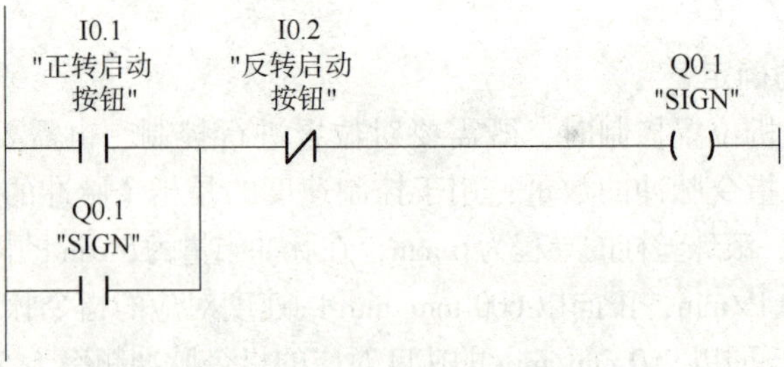

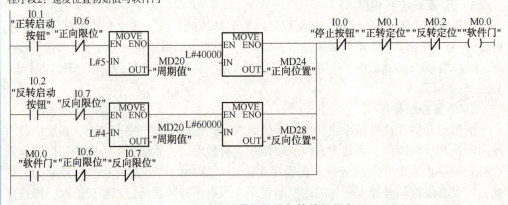

图 15-3 伺服电动机正/反转控制程序

为“5”，脉冲数量为 40 000；伺服电动机反转时指令脉冲周期设置值为“4”，脉冲数量为 60 000。在程序中通过传送指令进行相应的赋值，作为速度位置控制的初始值。速度位置初始值与软件门程序如图 15-4 所示。

程序段2：速度位置初始值与软件门

图 15-4 速度位置初始值与软件门程序

速度及位置控制程序如图 15-5 所示。

程序段 3：脉冲输出

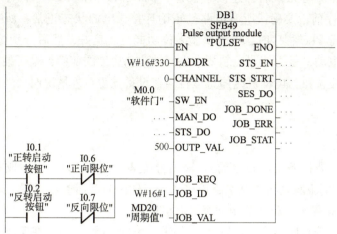

程序段 4：脉冲计数

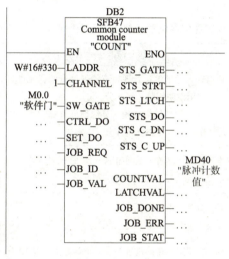

程序段 5：正转脉冲比较

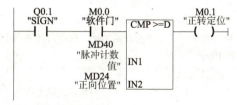

程序段 6：反转脉冲比较

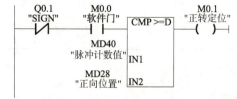

图 15-5　速度及位置控制程序

项目 15　应用位置控制模式实现伺服电动机的位置闭环控制

（六）下载 PLC 程序并运行

在确认程序编写无误后，连接编程计算机和 PLC，把 PLC 程序下载到 PLC 中。在运行 PLC 程序前，要确认所有电路已正确连接，电源状态正常，所有开关处于正确位置。在运行 PLC 程序时，首先试验限位功能是否良好，然后分别试验正/反转操作，观察伺服电动机是否按照控制要求进行转向和速度的变换，是否准确停在预期的位置。按下停止按钮，电动机应停止运行。在设备发生意外情况时要及时切断电源以确保安全。

五、检查

本项目的主要任务是：确定输入/输出分配表，绘制 PLC-伺服驱动器控制电路图，完成 PLC-伺服驱动器控制电路连接，完成伺服驱动器参数设置，完成 PLC 程序编写，完成 PLC 程序下载并控制伺服电动机运行。

根据本项目的具体内容，设置表 15-4 所示的检查评分表，在实施过程和终结时进行必要的检查并填写检查评分表。

表 15-4　应用位置控制模式实现伺服电动机位置闭环控制项目检查评分表

项目	分值	评分标准	检查情况	得分
编制输入/输出分配表	10 分	1. 所有输入地址编排合理，节约硬件资源，元件符号与元件作用说明完整，得 5 分； 2. 所有输出地址编排合理，节约硬件资源，元件符号与元件作用说明完整，得 5 分		
绘制 PLC-伺服驱动器控制电路图	10 分	1. 电路图元件齐全，标注正确，得 5 分； 2. 电路功能完整，布局合理，得 5 分		
连接 PLC-伺服驱动器控制电路	10 分	1. 安全违章，扣 10 分； 2. 安装不达标，每项扣 2 分		
设置伺服驱动器参数	10 分	能根据控制需要正确设置伺服驱动器参数，得 10 分		
编写伺服电动机位置控制的 PLC 程序	50 分	1. 功能正确，程序段合理，得 30 分； 2. 符号表正确完整，得 10 分； 3. 绝对地址、符号地址显示正确，程序段注释合理，得 10 分		
下载 PLC 程序并运行	10 分	1. PLC 程序下载正确，PLC 指示灯正常，得 5 分； 2. PLC 程序运行操作正确，能实现预定功能，得 5 分		
合　计	100 分			

六、评价

根据项目实施、检查情况及答复项目甲方质询情况，填写评价表。评价分为自评和他评（见表 15-5 和表 15-6）。评价的主要内容应包括实施过程简要描述、检查情况描述、存在的主要问题和解决方案等。

表 15-5　应用位置控制模式实现伺服电动机位置闭环控制项目自评表

签名： 日期：

表 15-6　应用位置控制模式实现伺服电动机位置闭环控制项目他评表

签名： 日期：

实践练习

一、资讯（项目需求）

某设备的工件进给装置拟采用 SINAMICS V90 PTI 伺服驱动器和 SIMOTICS S-1FL6044-1AF61-2AA1 伺服电动机进行控制，伺服电动机带 20 位增量型编码器，系统脉冲当量为 1 μm。伺服电动机和滚珠丝杠采用减速齿轮连接，减速比为 2。滚珠丝杠的导程为 6 mm，正向进给速度为 1 000 mm/min，反向进给速度为 1 200 mm/min。要求每正向进给 150 mm 后停止或者反向进给 100 mm 后停止，按下停止按钮则伺服电动机立即停止。设备设有正转启动按钮、反转启动按钮以及停止按钮。该设备采用 S7-300 PLC 进行控制，伺服电动机、相关元器件已准备好，请根据控制要求完成以下任务：

（1）确定输入/输出分配表；
（2）完成 PLC-伺服驱动器控制电路图；
（3）完成 PLC-伺服驱动器控制电路连接；
（4）完成伺服驱动器参数设置；
（5）完成 PLC 程序编写；

（6）完成 PLC 程序下载并控制伺服电动机运行。

二、计划

工件进给装置伺服电动机位置控制项目工作计划见表 15-7。

表 15-7 工件进给装置伺服电动机位置控制项目工作计划

序号	项目	内容	时间	人员
1				
2				
3				
4				
5				
6				

三、决策

工件进给装置伺服电动机位置控制项目决策表见表 15-8。根据任务要求和资源、人员的实际配置情况，按照表 15-7 所示的工作计划，采取项目小组的方式开展工作，小组内实行分工合作，每位成员都要完成全部任务并提交项目评价表。

表 15-8 工件进给装置伺服电动机位置控制项目决策表

签名： 日期：

四、实施

（一）编制输入/输出分配表（见表 15-9）

表 15-9 输入/输出分配表

输入			输出		
地址	元件符号	元件名称	地址	元件符号	元件名称

(二) 绘制 PLC-伺服驱动器控制电路图

(三) PLC 程序

工件进给装置伺服电动机位置控制项目实施记录表见表 15-10。

表 15-10 工件进给装置伺服电动机位置控制项目实施记录表

签名：
日期：

五、检查

工件进给装置伺服电动机位置控制项目检查评分表见表 15-11。

表 15-11　工件进给装置伺服电动机位置控制项目检查评分表

项目	分值	评分标准	检查情况	得分
编制输入/输出分配表	10 分	1. 所有输入地址编排合理，节约硬件资源，元件符号与元件作用说明完整，得 5 分； 2. 所有输出地址编排合理，节约硬件资源，元件符号与元件作用说明完整，得 5 分		
绘制 PLC-伺服驱动器控制电路图	10 分	1. 电路图元件齐全，标注正确，得 5 分； 2. 电路功能完整，布局合理，得 5 分		
连接 PLC-伺服驱动器控制电路	10 分	1. 安全违章，扣 10 分； 2. 安装不达标，每项扣 2 分		
设置伺服驱动器参数	10 分	能根据控制需要正确设置伺服驱动器参数，得 10 分		
编写伺服电动机位置控制的 PLC 程序	50 分	1. 功能正确，程序段合理，得 30 分； 2. 符号表正确完整，得 10 分； 3. 绝对地址、符号地址显示正确，程序段注释合理，得 10 分		
下载 PLC 程序并运行	10 分	1. PLC 程序下载正确，PLC 指示灯正常，得 5 分； 2. PLC 程序运行操作正确，能实现预定功能，得 5 分		
合计	100 分			

六、评价

工件进给装置伺服电动机位置控制项目自评表和他评表见表 15-12 和表 15-13。

表 15-12　工件进给装置伺服电动机位置控制项目自评表

签名：
日期：

表 15-13 　工件进给装置伺服电动机位置控制项目他评表

签名：
日期：

扩展提升

某设备的工件传送转盘采用伺服驱动，伺服驱动器型号为 ASDA-B2 系列，伺服电动机型号为 ECMA A-C21010ES，通过减速器和转盘相连，减速比为 50。系统脉冲当量为 0.01，转速为 5 r/min。要求转盘能够正/反转切换，正向转动 1/5 r 后停止或者反向转动 1/5 r 后停止，按下停止按钮则伺服电动机立即停止。设备设有正转启动按钮、反转启动按钮以及停止按钮。该设备采用 S7-300 PLC 进行控制，相关元器件已准备好，请根据控制要求完成以下任务：

（1）确定输入/输出分配表；
（2）完成 PLC-伺服驱动器控制电路图；
（3）完成 PLC-伺服驱动器控制电路连接；
（4）完成伺服驱动器参数设置；
（5）完成 PLC 程序编写；
（6）完成 PLC 程序下载并控制伺服电动机运行。

项目 16　运动控制综合实例

背景描述

在实际应用中,有时候需要多种运动形式组合来实现某种具体的功能。相比于单一的运动形式,对多种运动的组合进行控制时需要掌握各种运动的规律和工作要求,根据各种运动的关联关系进行控制程序的编写与调试。应规划好 PLC 硬件资源的合理使用,力争以最合理的资源投入实现预期的控制功能。

示范实例

一、资讯(项目需求)

某专用机床用于工件平面的圆周分布钻孔。其主轴采用变频驱动,主轴电动机为四极异步电动机,变频器型号为三菱 FR-A740-0.75K-CHT,钻孔转速根据工艺需要可选择 20 Hz 或 40 Hz。主轴升降采用伺服驱动带电磁抱闸,伺服驱动器型号为安川 SGDV-120A,伺服电动机型号为安川 SGMGV-13A。伺服电动机通过齿轮齿条与主轴连接,伺服电动机主轴升降速度为 0.2 mm/r,主轴升降速度为 120 mm/min。工作台上有分度转盘,由两相步进电动机驱动,减速比为 60,步进驱动器可实现 400 P/r 的细分。每个钻孔位相距 45°,在到达钻孔位后,工作台由气缸锁紧。主轴设有上、下限位检测,在主轴到达下限位位置后将自动返回上限位位置;在到达上限位位置时,工作台才能旋转。

设备设有启动按钮、停止按钮、急停按钮以及转速转换按钮。

按下启动按钮机床开始工作,机床工作顺序及步骤如下:

(1) 启动—工作台锁紧—延时 10 s(上工件)—主轴旋转;
(2) 主轴下降至下限位—主轴上升至上限位;
(3) 工作台松开—工作台旋转 45°—工作台锁紧;
(4) 重复步骤 (2)、(3),直至加工完成 8 个钻孔位;
(5) 延时 20 s(下、上工件);
(6) 重复步骤 (2)~(5),直至停止。

按下停止按钮,机床完成当前工件加工后停止。按下急停按钮,机床立即停止。

系统采用 S7-300 PLC 进行控制,相关元器件已准备好,请根据控制要求完成以下任务:

(1) 确定输入/输出分配表；
(2) 绘制主电路图及控制电路图；
(3) 连接主电路及控制电路；
(4) 完成驱动器参数设置；
(5) 完成 PLC 程序编写；
(6) 完成 PLC 程序下载并控制机床运行。

二、计划

根据项目需求，确定输入/输出分配表，绘制主电路图及控制电路图，连接主电路及控制电路，完成伺服驱动器参数设置，完成 PLC 程序编写，完成 PLC 程序下载并控制机床运行。

按照项目工作流程，制定表 16-1 所示的工作计划。

表 16-1 专用机床控制项目工作计划

序号	项目	内容	时间/min	人员
1	编制输入/输出分配表	确定所需要的输入/输出点数并分配用途，编制输入/输出分配表（需提交）	10	全体人员
2	绘制主电路图及控制电路图	绘制主电路图及控制电路图	30	分组人员
3	连接主电路及控制电路	根据电路图完成主电路及控制电路连接	40	分组人员
4	设置驱动器参数	根据控制要求设置伺服驱动器参数	10	分组人员
5	编写 PLC 程序	根据控制要求编写 PLC 程序	50	分组人员
6	下载 PLC 程序并运行	把 PLC 程序下载到 PLC，实现机床的 PLC 控制	20	全体人员

三、决策

按照表 16-1 所示的工作计划，项目小组全体成员共同确定输入/输出分配表。本项目小组共 6 人，2 人一组分为 3 个小组，分别实施主轴变频、伺服升降和分度步进 3 个部分的电路图绘制、电路连接、伺服驱动器参数设置以及 PLC 程序编写，最后全体成员参与调试运行，合作完成任务并提交项目评价表。

四、实施

项目的实施必须在保证安全的前提下进行，应提前建立并熟悉项目检查事项及评价要素，在实施过程中予以充分重视，以确保项目顺利进行。各小组并行工作，涉及小组间控制关联的地方要及时沟通，备注实施记录。

（一）编制输入/输出分配表

根据控制要求，设备设有启动按钮，停止按钮，急停按钮，速度切换按钮和上、下限位开关,共6个DI点。主轴变频控制为多段速控制,需要1个正转启动信号和2个转速信号共3个DO点;主轴升降伺服控制为速度控制,需要1个AO点;分度步进控制为位置控制,需要1个脉冲计数DI点和脉冲输出、方向信号输出2个DO点。锁紧气缸电磁阀需要一个DO点。输入/输出分配表见表16-2。

表16-2 输入/输出分配表

输入			输出		
地址	元件符号	元件名称	地址	元件符号	元件名称
I0.1	SB2	启动按钮	Q0.1	DIR	步进方向信号
I0.0	SB1	停止按钮	Q0.0	PULS(PLS)	步进脉冲信号
I0.2	SB3	急停按钮	Q0.2	STF	变频启动信号
I0.3	PULS	脉冲计数	Q0.3	RH	变频高速信号
I0.6	SQ1	上限位开关	Q0.4	RM	变频低速信号
I0.7	SQ2	下限位开关	Q0.5	Y1	锁紧气缸电磁阀
I1.0	SB4	速度切换按钮	AO0	V-REF	伺服速度信号

(二)绘制主电路图及控制电路图

本项目的主电路包括3台电动机,其中主轴电动机采用变频器驱动,三相电源经过空气断路器QF1给变频器供电;工作台分度机构采用步进电动机驱动,单相电源经过空气断路器QF2通过直流电源转换输出所需的直流电压给步进驱动器供电;主轴升降采用伺服控制,单相电源经过空气断路器QF1给伺服驱动器供电。专用机床主电路及控制电路示意如图16-1和图16-2所示。

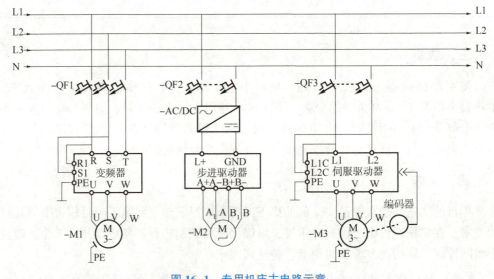

图16-1 专用机床主电路示意

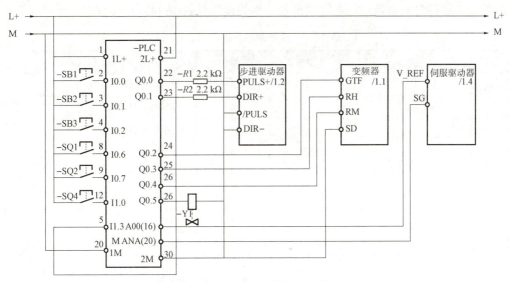

图 16-2 专用机床控制电路示意

(三) 连接主电路与控制电路

在连接主电路及控制电路时,应注意对照表 16-3 进行规范的操作。

表 16-3 电路连接工艺要点

序号	项目	内容
1	元器件布置与安装	按电路图正确选择元器件,元器件布置合理,满足散热、抗干扰和安全等各方面要求。元器件安装固定方式合理,安装稳固
2	导线选择	根据电路负载正确选择导线的线径和颜色,接地保护线必须使用黄/绿双色线
3	接线工艺	根据元器件接线端子形式正确处理导线接头,使用合适的工具制作导线接头,同一端子不可连接超过两根导线,端子连接处不可露铜
4	号码管工艺	所有导线两端必须使用编号正确的号码管,号码管朝向为竖直方向时从下往上读,以此为基准顺时针旋转
5	线槽工艺	所有导线应垂直进出线槽,无明显倾斜,线槽盖应完整盖严,不露槽齿
6	缠绕管工艺	活动导线束应使用缠绕管进行包缠,两端外露长度不得超过 2 mm
7	扎带工艺	无线槽走线部分应使用扎带绑扎,绑扎时导线不得交叉缠绕,扎带间距合理(5 cm 左右),扎带多余部分应使用水口钳剪去
8	保护接地	所有元器件要按要求做好保护接地,保护接地线必须使用黄/绿双色线,正确选择保护接地线线径

(四) 设置驱动器

本项目分别采用了变频器、伺服驱动器和步进驱动器来进行不同的控制,根据控制要求，需要对驱动器进行必要的设置。相关设置见表 16-4~表 16-6。

表 16-4　变频器多段速参数设置

步骤	项目	参数	参数值	备注
1	打开参数设置许可	Pr. 77	0	允许停止时修改参数
		Pr. 79	1	变频器 PU 模式
3	设置速度参数	Pr. 1	50	上限频率 50 Hz
		Pr. 2	0	下限频率 0 Hz
		Pr. 4	40	速度 1 的运行频率
		Pr. 5	20	速度 2 的运行频率
5	关闭参数设置许可	Pr. 79	2	设置变频器为外部运行模式
		Pr. 77	1	关闭参数修改功能

表 16-5　伺服驱动器速度控制参数设置

项目	内容	说明
Fn010	P.0000	允许变更参数，重新上电生效
Fn005	P.InIt	参数初始化
Pn00B.2	1	单相电源，重新上电生效
Pn000.1	0	设定伺服驱动器为速度控制模式
Pn50A	8170	可正转驱动，重新上电生效
Pn50B	6548	可反转驱动，重新上电生效
Pn300	1000	额定转速指令值

表 16-6　步进驱动器细分设置

PPR	SW1	SW2	SW3	SW4
400	ON	ON	ON	ON

（五）编写 PLC 程序

1. 伺服驱动器速度指令模拟量的确定

根据控制要求，主轴升降采用伺服驱动带电磁抱闸，伺服驱动器型号为安川 SGDV-120A，伺服电动机型号为安川 SGMGV-13A。伺服电动机通过齿轮、齿条与主轴连接，伺服电动机主轴升降速度为 0.2 mm/r，主轴升降速度为 120 mm/min。因此，伺服电动机的工作速度为 600 r/min。安川 SGMGV-13A 伺服电动机的额定转速为 1 500 r/min，满足控制要求。设置额定转速对应的速度指令模拟量为 10 V，则获得工作转速的速度指令模拟量输出值为 +/-4 V。在编写 PLC 程序时可用速度值或模拟电压值通过"UNSCALE"功能 FC106 直接处理，也可以通过 D/A 转换用整数表示所需的模拟量，赋值给模拟量输出地址。设伺服电动机正转为主轴下降。

学习笔记

2. 步进驱动器脉冲指令周期与数量的确定

根据控制要求，机床工作台的分度转盘由两相步进电动机驱动，减速比为 60，步进驱动器可实现 400 P/r 的细分，每次旋转的角度为 45°。本项目采用 CPU 314C-2 PN/DP 作为控制器，CPU 314C-2 PN/DP 的最高输出脉冲频率为 2.5 kHz，设置 CPU 314C-2 PN/DP 的输出脉冲频率为 2 kHz，则对应的转盘转速为 5 r/min，转盘转速在合理的范围内。对应的每转脉冲数为 24 000，工件的钻孔位相距 45°，则需要的脉冲数为 3 000。

3. PLC 程序

（1）OB100 程序。本项目专用机床的工作过程是按照固定的工步进行的，在开始所有操作之前，机床应处于准备好的状态，可以通过 OB100 对各编程元件赋初值来实现。OB100 初始化程序如图 16-3 所示。

OB100 : "Complete Restart"
程序段 1 : 标题:
MOVE
EN ENO
0 IN OUT QBO
MOVE
EN ENO
0 IN OUT MBO
MOVE
EN ENO
0 IN
OUT
PQW800
"伺服速度信号"

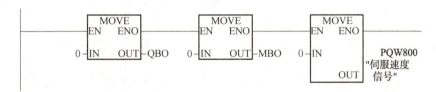

图 16-3 OB100 初始化程序

（2）OB1 程序如图 16-4～图 16-11 所示。

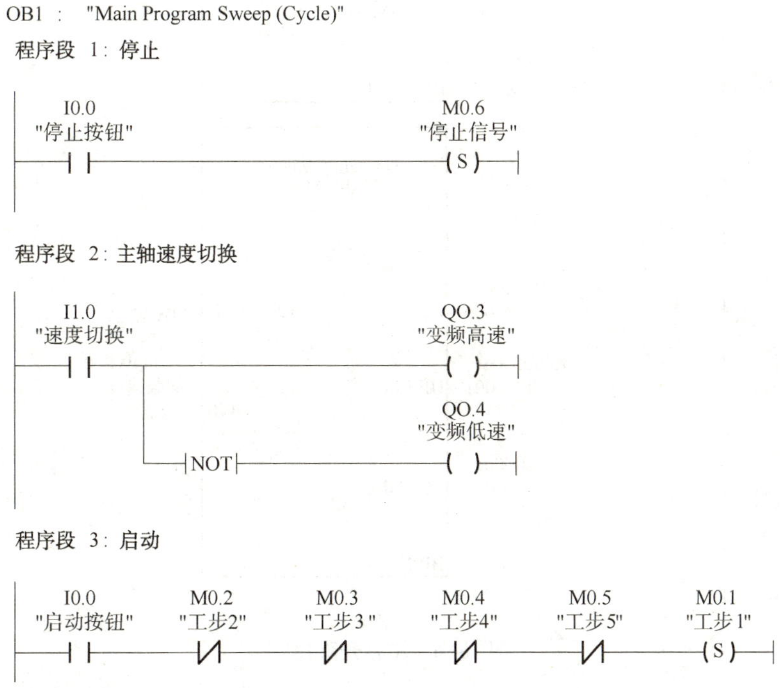

OB1 : "Main Program Sweep (Cycle)"
程序段 1: 停止
I0.0
"停止按钮"
M0.6
"停止信号"
S
程序段 2: 主轴速度切换
I1.0
"速度切换"
QO.3
"变频高速"
QO.4
"变频低速"
NOT
程序段 3: 启动
I0.0
"启动按钮"
M0.2
"工步2"
M0.3
"工步3"
M0.4
"工步4"
M0.5
"工步5"
M0.1
"工步1"
S

图 16-4 启动、停止、转速切换程序

程序段 4：延时10S(上工件)-主轴旋转

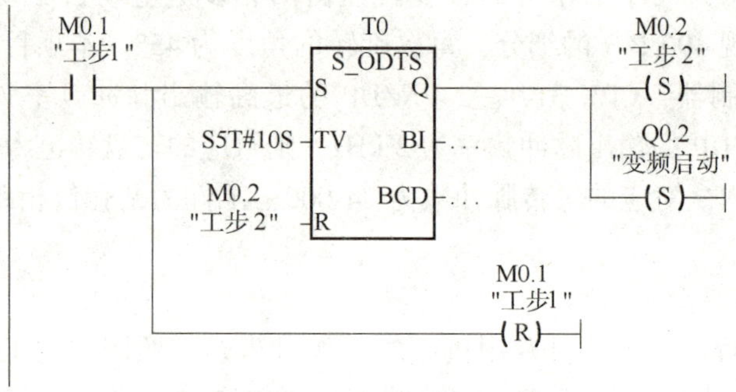

图 16-5　延时及主轴旋转程序

程序段 5：主轴下降至下限位-主轴上升至上限位

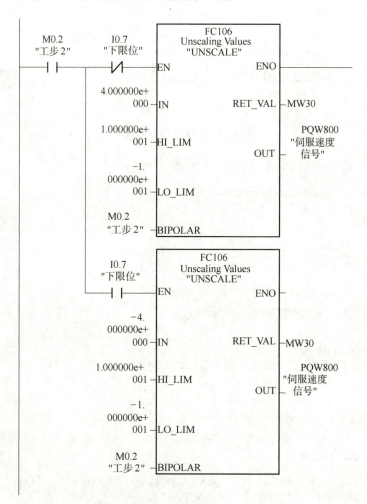

图 16-6　主轴升降程序

程序段 6：钻孔计数

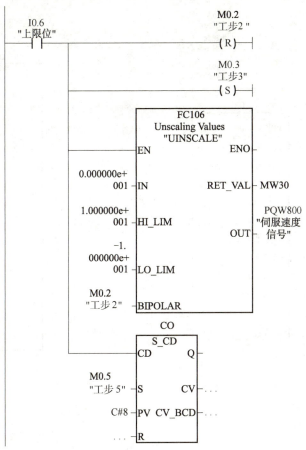

图 16-7　主轴上限位停止及钻孔计数程序

程序段 7：钻孔继续或结束

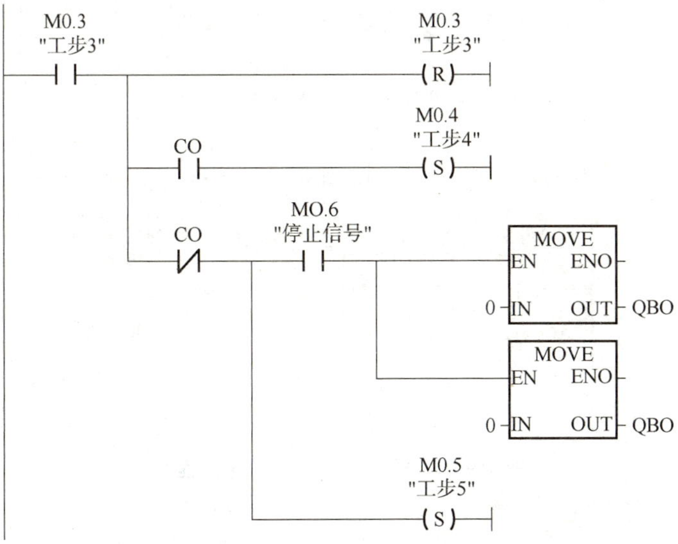

图 16-8　延时及主轴旋转程序

项目 16　运动控制综合实例 ■ 243

程序段8：工作台松开-工作台旋转45度-工作台锁紧

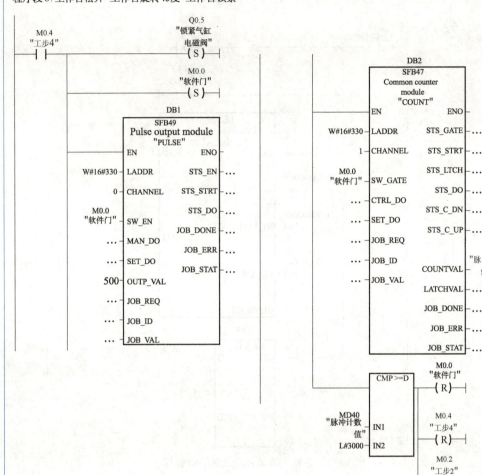

图16-9　工作台松紧及旋转程序

程序段 9：延时20S（下、上工件）

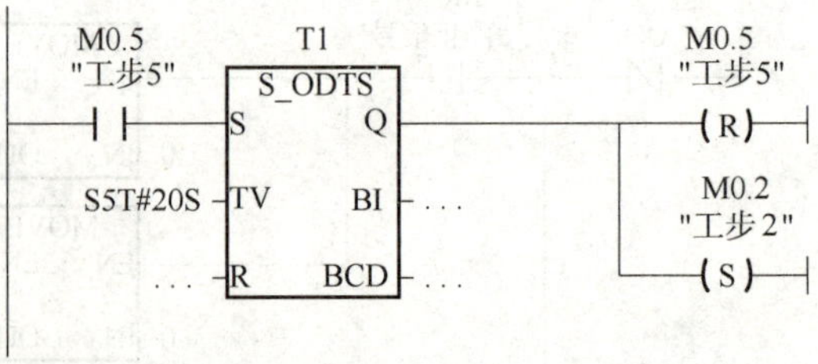

图16-10　延时（上、下工件）程序

程序段 10：急停

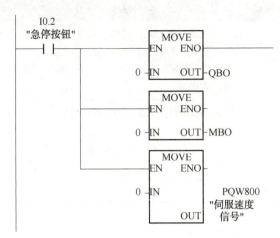

图 16-11　急停程序

（六）下载 PLC 程序并运行

在确认程序编写无误后，连接编程计算机和 PLC，把 PLC 程序下载到 PLC 中。在运行 PLC 程序前，要确认所有电路已正确连接，电源状态正常，所有开关处于正确位置。在运行 PLC 程序时，要密切注意设备运行状态。注意：在发生意外情况时要及时切断电源以确保安全。

五、检查

本项目的主要任务是：确定输入/输出分配表，绘制主电路图及控制电路图，连接主电路及控制电路，完成驱动器参数设置，完成 PLC 程序编写，完成 PLC 程序下载并控制机床运行。

根据本项目的具体内容，设置表 16-7 所示的检查评分表，在实施过程和终结时进行必要的检查并填写检查评分表。

表 16-7　专用机床控制项目检查评分表

项目	分值	评分标准	检查情况	得分
编制输入/输出分配表	10 分	1. 所有输入地址编排合理，节约硬件资源，元件符号与元件作用说明完整，得 5 分； 2. 所有输出地址编排合理，节约硬件资源，元件符号与元件作用说明完整，得 5 分		
绘制主电路图及控制电路图	10 分	1. 电路图元件齐全，标注正确，得 5 分； 2. 电路功能完整，布局合理，得 5 分		
连接主电路及控制电路	10 分	1. 安全违章，扣 10 分； 2. 安装不达标，每项扣 2 分		
设置驱动器参数	10 分	能根据控制需要正确设置驱动器参数，得 10 分		

续表

项目	分值	评分标准	检查情况	得分
编写 PLC 程序	50 分	1. 功能正确，程序段合理，得 30 分； 2. 符号表正确完整，得 10 分； 3. 绝对地址、符号地址显示正确，程序段注释合理，得 10 分		
下载 PLC 程序并运行	10 分	1. PLC 程序下载正确，PLC 指示灯正常，得 5 分； 2. PLC 程序运行操作正确，能实现预定功能，得 5 分		
合计	100 分			

六、评价

根据项目实施、检查情况及答复项目甲方质询情况，填写评价表。评价分为自评和他评（见表 16-8 和表 16-9）。评价的主要内容应包括实施过程简要描述、检查情况描述、存在的主要问题和解决方案等。

表 16-8　专用机床控制项目自评表

签名：
日期：

表 16-9　专用机床控制项目他评表

签名：
日期：

一、资讯（项目需求）

某伺服灌装系统由 X 轴跟随伺服装置、Y 轴灌装步进装置、主轴传送带、正品检测装置、正品传送带和次品传送带等部分组成，如图 16-12 所示。

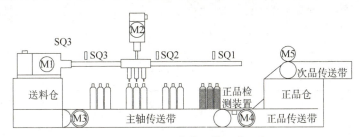

图 16-12　伺服灌装系统组成示意

图 16-12 所示的伺服灌装机系统由 X 轴伺服电动机 M1、Y 轴步进电动机 M2、主轴三相异步电动机 M3 以及正品传送电动机 M4 和次品传送电动机 M5 组成。

伺服电动机 M1 驱动丝杠运行，通过丝杠带动灌装平台的左右移动；已知丝杠的螺距为 4 mm，伺服电动机 M1 旋转一周需要 4 000 个脉冲，以丝杠运行速度代表 X 轴跟随量的大小。

步进电动机 M2 驱动灌装喷嘴上下移动，步进电动机 M2 旋转一周需要 2 000 个脉冲，运行速度为 30 r/min。步进电动机正转 3r 开始灌装，灌装结束反转 3r 回到原位。

三相异步电动机 M3 由变频器驱动，速度主要由前面板上电流调节旋钮模拟量 4~20 mA 来模拟给定，也可实现 15 Hz 和 30 Hz 两种特定速度。可进行正/反转运行，加速时间为 0.5 s，减速时间为 0.5 s。

正品检测装置输出模拟量 DC 0~10 V，电压大于 9 V 为合格，小于 9 V 为次品。SQ1 到 SQ2 之间的距离为灌装同步运行期间，此距离与两空物料瓶之间的距离相等。

灌装喷嘴初始位于 SQ2 处，系统工作时，传送带把空瓶向检测位传送，当空瓶到达 SQ2 处时，伺服电动机开始与传送带同速运转，同时步进电动机正转 3r 开始灌装，到 SQ1 位置时灌装结束反转 3r 回到原位，然后伺服电动机以 3 倍传送带速度返回 SQ2，等待下一批空瓶。

系统采用 S7-300 PLC 进行控制，相关元器件已准备好，请根据控制要求完成以下任务：

（1）确定输入/输出分配表；
（2）绘制主电路图及控制电路图；
（3）连接主电路及控制电路；
（4）完成驱动器参数设置；
（5）完成 PLC 程序编写；
（6）完成 PLC 程序下载并控制系统运行。

二、计划

伺服灌装系统控制项目工作计划见表16-10。

表16-10　伺服灌装系统控制项目工作计划

序号	项目	内　容	时间	人员
1				
2				
3				
4				
5				
6				

三、决策

伺服灌装系统控制项目决策表见表16-11。根据任务要求和资源、人员的实际配置情况，按照表16-10所示的工作计划，采取项目小组的方式开展工作，小组内实行分工合作，每位成员都要完成全部任务并提交项目评价表。

表16-11　伺服灌装系统控制项目决策表

签名： 日期：

四、实施

（一）编制输入/输出分配表（见表16-12）

表16-12　输入/输出分配表

输入			输出		
地址	元件符号	元件名称	地址	元件符号	元件名称

(二) 绘制主电路图及控制电路图

(三) PLC 程序

伺服灌装系统控制项目实施记录表见表 16-13。

表 16-13　伺服灌装系统控制项目实施记录表

签名：
日期：

五、检查

伺服灌装系统控制项目检查评分表见表 16-14。

表 16-14　伺服灌装系统控制项目检查评分表

项目	分值	评分标准	检查情况	得分
编制输入/输出分配表	10 分	1. 所有输入地址编排合理，节约硬件资源，元件符号与元件作用说明完整，得 5 分； 2. 所有输出地址编排合理，节约硬件资源，元件符号与元件作用说明完整，得 5 分		

续表

项目	分值	评分标准	检查情况	得分
绘制主电路图及控制电路图	10 分	1. 电路图元件齐全，标注正确，得 5 分； 2. 电路功能完整，布局合理，得 5 分		
连接主电路及控制电路	10 分	1. 安全违章，扣 10 分； 2. 安装不达标，每项扣 2 分		
设置驱动器参数	10 分	能根据控制需要正确设置驱动器参数，得 10 分		
编写 PLC 程序	50 分	1. 功能正确，程序段合理，得 30 分； 2. 符号表正确完整，得 10 分； 3. 绝对地址、符号地址显示正确，程序段注释合理，得 10 分		
下载 PLC 程序并运行	10 分	1. PLC 程序下载正确，PLC 指示灯正常，得 5 分； 2. PLC 程序运行操作正确，能实现预定功能，得 5 分		
合计	100 分			

六、评价

伺服灌装系统控制项目自评表和他评表见表 16-15 和表 16-16。

表 16-15　伺服灌装系统控制项目自评表

签名：
日期：

表 16-16　伺服灌装系统控制项目他评表

签名：
日期：